"十四五"时期国家重点出版物出版专项规划项目
智能汽车关键技术丛书

智能汽车人机交互

胡宏宇　高镇海　沈传亮
王琳虹　赵　睿　高　菲　著

机械工业出版社

汽车智能座舱及内部人机交互技术是驾驶员与车辆信息沟通的关键，是智能汽车必备的功能化配置，也是提升车辆驾乘人员的用户体验感、产品性能品质与品牌竞争力的关键因素。本书结合汽车座舱的发展变革与趋势，面向物理信息人机交互的体验优化，重点围绕智能座舱基础技术、多模态人机交互技术、驾驶员状态感知技术、自动驾驶控制权人工接管技术、智能汽车车外人机交互技术等几个核心内容进行论述。通过对本书的学习，读者能够熟悉并掌握智能座舱关键技术与优化驾乘体验的核心基础知识。本书适合汽车电子工程师阅读使用，也可供大专院校车辆工程专业师生阅读参考。

图书在版编目（CIP）数据

智能汽车人机交互 / 胡宏宇等著. -- 北京：机械工业出版社，2025.7. --（智能汽车关键技术丛书）.
ISBN 978-7-111-79047-1

Ⅰ.U461

中国国家版本馆 CIP 数据核字第 2025K9F918 号

机械工业出版社（北京市百万庄大街 22 号　邮政编码 100037）
策划编辑：孙　鹏　　　　　　　　　责任编辑：孙　鹏　高孟瑜
责任校对：孙明慧　张慧敏　景　飞　封面设计：鞠　杨
责任印制：常天培
河北虎彩印刷有限公司印刷
2025 年 9 月第 1 版第 1 次印刷
169mm×239mm・12.75 印张・204 千字
标准书号：ISBN 978-7-111-79047-1
定价：99.00 元

电话服务　　　　　　　　　　网络服务
客服电话：010-88361066　　　机　工　官　网：www.cmpbook.com
　　　　　010-88379833　　　机　工　官　博：weibo.com/cmp1952
　　　　　010-68326294　　　金　书　网：www.golden-book.com
封底无防伪标均为盗版　　　机工教育服务网：www.cmpedu.com

前　言

良好的汽车人机交互是保证车辆安全性、舒适性、便捷性、愉悦性的基础，是提升汽车产品品质和驾乘体验感、品牌竞争力的关键因素。伴随人工智能、网联技术发展，以及日益增加的个性化用户需求，汽车人机交互技术已经成为引领智能汽车创新发展的风向标，是国际汽车工程及相关领域研究的前沿和热点。

在智能、网联、电动、共享四化驱动下，汽车人机交互技术正面临新的变革与创新。从传统机械系统强调的驾驶员手、脚操控便捷和乘坐舒适的物理空间到智能驾驶与座舱系统关注的机辅人驾、人智协同，都存在共同的宜人交互目标，即系统越发强调"以人为中心"的开发理念。在此基础上，本书基于车辆工程专业视角，融合人因工程学、认知心理学、人工智能等多学科理论体系，系统分析了当前智能汽车涉及的人机领域问题，梳理了研究团队在智能汽车人机交互领域十余年的技术积淀。期待本书能为汽车工程师、交互设计师、人因研究学者搭建跨学科的对话平台，共同推进"以人为中心"的智能汽车技术创新。

本书共有9章。第1章探讨了智能汽车发展的时代特征，分析了不同等级智能汽车的特性和技术差异，梳理了人机交互的基本概念及其跨学科特性及在智能化背景下的演进趋势，强调良好人机交互对于提升用户信任和优化驾驶体验的关键性。第2章探讨了自动驾驶汽车乘坐舒适性评价研究，系统地梳理了影响乘坐舒适性的主要因素以及自动驾驶汽车乘坐舒适性的量化指标和评价模型。总结了自动驾驶汽车舒适性研究的未来发展趋势。第3章梳理了驾驶员疲劳产生机理及演变规律，提出了当前考虑生理信号的驾驶员疲劳检测方法。第4章聚焦车辆虚拟按钮触觉反馈方法，针对现有虚拟按钮反馈单一且不适用于车内多种类按钮的问题展开研究。第5～7章针对L3级有条件自动驾驶重点关注的问题——自动驾驶和人工驾驶的控制权切换，即接管过程进行讨论。其中第5章探讨了驾驶员在L3级自动驾驶接管过程的人的情景意识与接管行为表现，第6章分析了L3级自动驾驶中的方向触觉引导模式对驾驶员接管表现的影响，第7章研究了基于深度学习的驾驶员接管时间的预测建模方法。第8章聚焦于高级自动驾驶汽车车外的人机交互界面eHMI设计的可理解性，对比分析了 5 种不同形式的 eHMI 模式对于行人过街的影响，进而为 eHMI 的设计提供了新的参考。在第 9 章，将大语言模型引入智能座舱的驾驶员交互行为意图预测，为汽车智能座舱被动响应到主动服务的高阶认知座舱人机交互技术开发提供了新的思路。

感谢张慧珺、刁小桔、张国娟、马骁远、梁耘瀚、梁新颖、乔昕、陈毅、王路瑶等研究生在撰写以及校对过程给予的帮助。

由于作者理论与实践水平有限，内容难免有不足之处，敬请同行专家与读者批评指正。

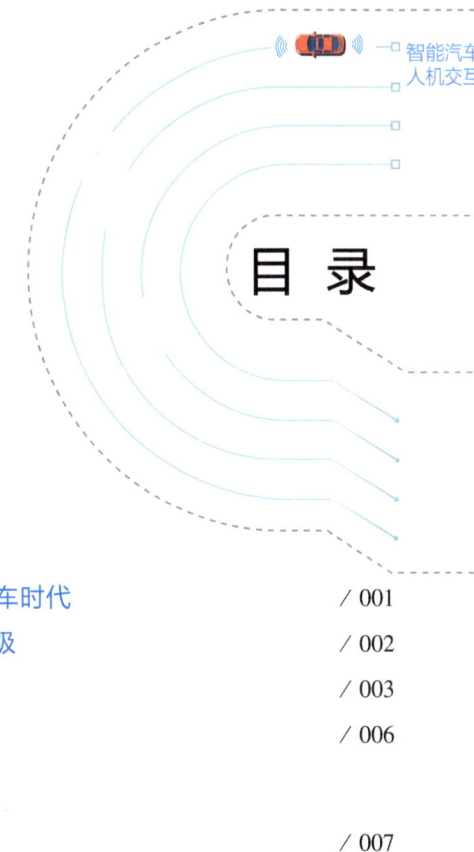

目 录

前　言

第 1 章　绪　论

1.1　人机共融的智能汽车时代	/ 001
1.2　智能汽车定义与分级	/ 002
1.3　智能汽车人机交互	/ 003
参考文献	/ 006

第 2 章　自动驾驶汽车乘坐舒适性评价研究

2.1　引言	/ 007
2.2　乘坐舒适性定义与影响因素	/ 008
2.2.1　乘坐舒适性定义	/ 008
2.2.2　乘坐舒适性的影响因素	/ 008
2.3　自动驾驶汽车乘坐舒适性量化指标	/ 009
2.3.1　主观量化指标	/ 010
2.3.2　基于汽车参数的量化指标	/ 011
2.3.3　基于生理信号的量化指标	/ 014
2.3.4　基于乘员行为的量化指标	/ 016
2.4　自动驾驶汽车乘坐舒适性评价模型	/ 017
2.4.1　心理物理学模型	/ 017
2.4.2　生物力学模型	/ 017
2.4.3　统计学模型	/ 018
2.4.4　基于学习的评价模型	/ 018
2.5　垂向振动条件下的乘坐舒适性评价研究	/ 019
2.5.1　研究方法	/ 020
2.5.2　数据分析	/ 022
2.5.3　结果讨论	/ 031

	2.6 结论及展望	/033
	参考文献	/034

**第3章
基于生理信息的驾驶疲劳分析**

3.1	引言	/039
3.2	基于心电R-R间期的驾驶疲劳识别及预测	/041
	3.2.1 驾驶疲劳识别模型的建立	/041
	3.2.2 实车试验设计与数据采集	/044
	3.2.3 数据分析	/045
	3.2.4 案例分析	/047
	3.2.5 结论	/049
3.3	基于反应时间和操作时间的驾驶员状态识别	/050
	3.3.1 研究背景及研究现状	/050
	3.3.2 基于贝叶斯的驾驶状态概率表征模型构建	/051
	3.3.3 试验设计与数据收集	/053
	3.3.4 驾驶员疲劳识别模型的建立	/055
	3.3.5 模型评价	/061
	3.3.6 结论	/064
参考文献		/064

**第4章
基于主客观数据的汽车人机交互界面表面触觉反馈方法**

4.1	引言	/067
4.2	物理按钮数据采集与处理分析	/068
	4.2.1 测试系统	/068
	4.2.2 物理按钮分类与数据采集	/069
	4.2.3 数据处理与分析	/070
	4.2.4 基于按钮力学特征进行触觉渲染	/072
4.3	复位按钮的顺应性再现	/073
	4.3.1 顺应性颗粒法和复位按钮力与加速度关系	/073
	4.3.2 3种复位按钮触觉反馈方法的比较	/075
4.4	3种类型虚拟按钮匹配实验	/077
4.5	结论	/079
参考文献		/079

第 5 章
L3 级自动驾驶接管过程驾驶员情景意识与操纵绩效研究

5.1 引言 / 082

5.2 自动驾驶接管过程解析 / 083
    5.2.1 自动驾驶接管过程 / 083
    5.2.2 非驾驶相关任务 / 085
    5.2.3 接管请求 / 085
    5.2.4 情景意识 / 087
    5.2.5 自动驾驶接管绩效及影响因素 / 087

5.3 自动驾驶接管过程非驾驶任务对驾驶员情景意识影响研究 / 088
    5.3.1 实验设计 / 088
    5.3.2 测量指标 / 091
    5.3.3 结果分析 / 091
    5.3.4 结论 / 098

5.4 自动驾驶接管过程可视化辅助规划信息对接管绩效的影响 / 099
    5.4.1 实验设计 / 099
    5.4.2 测量指标 / 101
    5.4.3 结果分析 / 101
    5.4.4 结论 / 110

参考文献 / 110

第 6 章
L3 级自动驾驶接管过程的方向触觉引导模式研究

6.1 引言 / 115

6.2 方法 / 116
    6.2.1 参与者 / 116
    6.2.2 设备 / 117
    6.2.3 驾驶场景 / 118
    6.2.4 接管请求 / 118
    6.2.5 非驾驶相关任务 / 119
    6.2.6 因变量 / 119
    6.2.7 试验流程 / 120

6.3 结果 / 121
    6.3.1 接管时间 / 121
    6.3.2 最大方向盘转角 / 122

	6.3.3　方向盘转角标准差	/ 123
	6.3.4　最大横向加速度	/ 123
	6.3.5　用户体验	/ 124
	6.3.6　问卷数据分析	/ 125
6.4	结论	/ 127
参考文献		/ 128

第 7 章　L3 级自动驾驶接管时间预测

7.1	引言	/ 131
7.2	相关工作	/ 133
	7.2.1　现有接管数据集	/ 133
	7.2.2　接管时间预测	/ 134
7.3	接管时间预测数据集	/ 135
	7.3.1　参与者	/ 135
	7.3.2　实验设备	/ 135
	7.3.3　实验设计	/ 136
	7.3.4　实验步骤	/ 137
	7.3.5　数据标注与注释	/ 137
7.4	研究方法	/ 138
	7.4.1　符号与定义	/ 138
	7.4.2　视频时序特征提取	/ 139
	7.4.3　跨模态特征融合	/ 140
7.5	实验研究	/ 140
	7.5.1　数据处理	/ 140
	7.5.2　实验设置	/ 141
	7.5.3　评价指标	/ 141
7.6	结果与讨论	/ 142
	7.6.1　对比实验	/ 142
	7.6.2　模型结构消融实验	/ 142
	7.6.3　网络输入特征的消融研究	/ 143
7.7	结论及展望	/ 144
参考文献		/ 144

目录

第 8 章 高级自动驾驶车外人机交互研究

- 8.1 引言　　/ 147
- 8.2 相关工作　　/ 148
  - 8.2.1 概述　　/ 148
  - 8.2.2 实验方法　　/ 149
  - 8.2.3 交互效果评价方法　　/ 150
  - 8.2.4 研究目的　　/ 151
- 8.3 方法　　/ 152
  - 8.3.1 实验步骤　　/ 152
  - 8.3.2 实验设计　　/ 152
  - 8.3.3 参与者　　/ 156
- 8.4 结果　　/ 156
  - 8.4.1 客观数据分析　　/ 156
  - 8.4.2 主观数据分析　　/ 159
- 8.5 讨论　　/ 162
  - 8.5.1 车辆速度和距离　　/ 162
  - 8.5.2 eHMI 形式　　/ 162
  - 8.5.3 eHMI 颜色　　/ 164
- 8.6 结论及展望　　/ 165
- 参考文献　　/ 165

第 9 章 融合场景语义的智能座舱驾驶员交互意图预测

- 9.1 引言　　/ 169
- 9.2 相关工作　　/ 171
  - 9.2.1 意图预测　　/ 171
  - 9.2.2 大语言模型　　/ 172
  - 9.2.3 语义信息融合　　/ 173
- 9.3 方法论　　/ 174
  - 9.3.1 数据集构建　　/ 174
  - 9.3.2 场景语义生成　　/ 176
  - 9.3.3 模型架构　　/ 178

9.4 实验与结果 / 180
    9.4.1 实验设置 / 180
    9.4.2 性能比较 / 181
    9.4.3 融合策略比较 / 183
    9.4.4 消融实验 / 184
    9.4.5 案例分析 / 185

9.5 结论 / 188

参考文献 / 188

第 1 章
绪　论

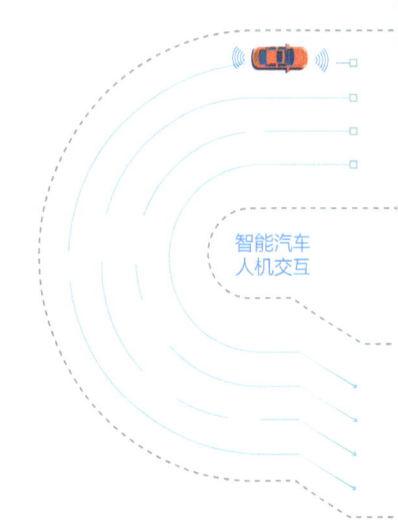

1.1　人机共融的智能汽车时代

汽车工业历经百年发展，技术变革日新月异，深刻改变了人类的生活方式和社会结构。从最初的机械驱动到如今的电动化、智能化，汽车技术的每一次突破都标志着人类工程技术的进步。汽车工业的百年发展史，本质上是技术突破不断重塑产品形态的过程，但长期以来技术创新更多聚焦于机械性能、动力系统与工程效率的提升，而"人"作为车辆使用的主体，其真实需求与体验往往被置于次要地位。这种"技术先行，体验滞后"的发展模式，在智能化、网联化浪潮下逐渐显露出局限性——当汽车从机械产品进化为智能终端时，单纯的技术功能堆砌已无法满足当下用户对用车的多维诉求。为此，如何在智能汽车时代确保驾驶员和乘客有更加安全、舒适、便捷的用车体验已成为新的挑战[1]。

汽车人机交互技术的深度整合，正是破解这一困境的关键路径。汽车人机交互是驾乘人员与车辆信息传递、交换的重要渠道，是现代汽车必备的功能化配置，也是提升车辆驾乘人员用户体验感、产品性能品质与品牌竞争力的关键因素。伴随人工智能、云控互联、增强现实等技术的快速发展，以及辅助驾驶、无人驾驶的功能性需求，人机交互技术已成为引领现代汽车升级创新的风向标。它要求汽车设计从"以技术为中心"转向"以人为中心"，通过多模态交互、情境感知与智能决策，构建更符合人类认知习惯的操作体系[2]。例如，生物识别系统可实时监测驾驶员疲劳状态；触觉反馈能通过方向盘或座椅振动提醒驾驶员及时接管响应，保证行车安全；车内外传感器数据与用户行为数据的实时分析，将车载服务系统从被动响应升级为个性主动关怀；情感计算引擎甚至能识别用户情绪，动态调整交互风格与驾驶模式；而 AR – HUD、脑机接口等前沿技术的引入，更可能彻底消解人机交互的物理边界。这些技术突破不仅优化了功能效率，更通过降低认知负荷、增强控制权感知，重塑了人与机器的信任关系。因此，唯有将技术创新的落脚点回归到"服务于人"的本质，汽车才能真正从冰冷的交通工具进化为懂需求、有温度的出行伙伴[3]。

1.2 智能汽车定义与分级

智能汽车是指通过搭载先进传感器、控制器、执行器等装置，运用信息通信、互联网、大数据、云计算、人工智能等新技术，具有部分或完全自动驾驶功能，由单纯交通运输工具逐步向智能移动空间转变的新一代汽车。智能汽车通常也被称为智能网联汽车、自动驾驶汽车、无人驾驶汽车等[4]。

国际自动机工程师学会（SAE International）制定了 J3016 自动驾驶分级标准，将车辆自动化级别细化至 L0 ~ L5 六个等级，该标准给出了自动驾驶水平的分类和定义，明确了在不同级别下驾驶员和自动驾驶系统（ADS）的责任范围以及自动驾驶系统的功能[5]。我国于 2021 年发布了《汽车驾驶自动化分级》国家标准（GB/T 40429—2021），同样将自动驾驶划分为 0 级（应急辅助）至 5 级（完全自动驾驶）六个等级[6]，如图 1 – 1 所示。该标准规定了各级别的定义和技术要求框架，为我国自动驾驶技术的发展和应用提供了统一的技术规范。

根据《汽车驾驶自动化分级》（GB/T 40429—2021），自动驾驶汽车被划分为六个等级：0 级（应急辅助）、1 级（部分驾驶辅助）、2 级（组合驾驶辅助）、3 级（有条件自动驾驶）、4 级（高度自动驾驶）和 5 级（完全自动驾驶）。在 0 级，驾驶自动化系统不能持续执行车辆的横向或纵向控制，但具备部分目标和事件探测与响应的能力，车辆操控完全由驾驶员负责。1 级时，系统在设计运行域内，持续执行车辆横向或纵向中的一项控制任务，并具备相应的目标和事件探测与响应能力。2 级则要求系统在设计运行域内，持续执行车辆横向和纵向的控制任务，同时具备相应的目标和事件探测与响应能力。3 级为有条件自动驾驶，系统在设计运行域内，持续执行全部动态驾驶任务，但需要动态驾驶任务接管用户在系统发出接管请求时，适时接管。4 级为高度自动驾驶，系统在设计运行域内，持续执行全部动态驾驶任务并自动执行最小风险策略。5 级为完全自动驾驶，系统在任何可行驶条件下，持续地执行全部动态驾驶任务并自动执行最小风险策略，不需要用户介入。

智能汽车是一种典型的人在回路中的人机协同混合智能系统。从图 1-1 中我们可以看到，伴随着汽车智能化等级的提升，人类驾驶员负责的驾驶任务是逐步降低的，但无论哪个等级，一直都存在着协同的人机关系。人机交互与协同是未来一个时期智能汽车重要的研究方向。

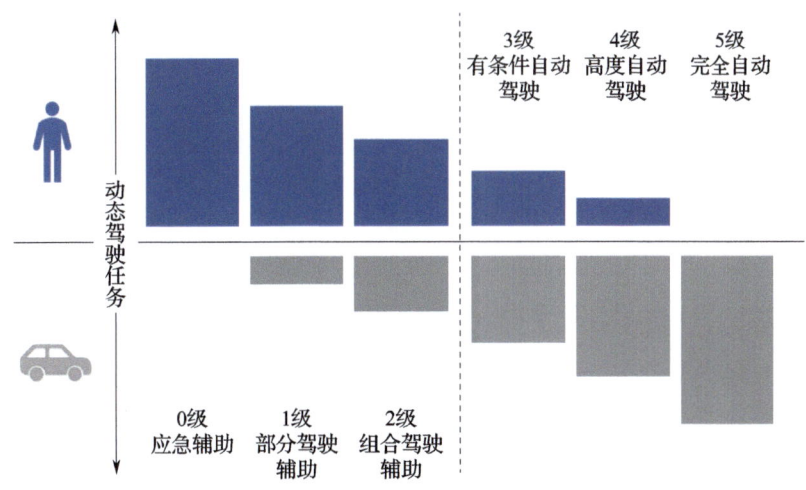

图 1-1　不同智能汽车等级下的人机责任分工

1.3　智能汽车人机交互

传统的人机交互，也称为人机界面（Human-Machine Interface，HMI），是特指人与机器或系统之间进行信息交换和互动的接口。这个接口可以是物理的，如按钮、触摸屏、键盘和鼠标；也可以是虚拟的，如软件应用程序中的图形用户界面（GUI）、语音识别系统或虚拟现实环境。人机交互的核心目标是实现高效、直观、安全和舒适的用户体验，使得用户能够轻松地控制机器或系统，同时机器或系统能够准确地理解并执行用户的指令[7]。

随着自动化、智能化技术的发展，人机交互已经不仅仅局限于传统的输入输出设备，而是扩展到了更广泛的领域，特别是电子计算机系统普及以后，更多地关注人与计算机之间的交互关联，进而出现了新的人机交互（Human-Computer Interaction，HCI）概念，是一门研究系统与用户之间交互关系的综合性学科。它涉及计算机科学、心理学、认知科学、设计学、社会学等多个领域，旨在设计和实现有效、高效且用户体验良好的交互式计算机系统[8]。当前的人机交互发展更加注重自然交互、情境感知和个性化体验，以满足用户对智能化、便捷化生活方式的追求。

在研究人、机系统关系的过程中，也经常会使用一些人机相关的术语，如人类工效（Ergonomics）、人机工程（Human-Machine Engineering）、人因工程（Human Factors Engineering）、交互设计（Interaction Design）等。

其中，人类工效是以人为核心，研究如何优化人、机器（或工具）、环境三者之间的适配关系。其核心目标是通过科学设计，提升人类使用工具或系统的效率、安全性和舒适性，同时减少疲劳、错误、降低健康风险。更多关注物理层面的人－机－环境适配，如通过人体测量学优化设备尺寸、操作力度、空间布局等，通过生物力学分析优化操作力度、姿势和动作轨迹。人机工程侧重系统化设计方法论，强调硬件设备与人体特征的匹配与交互过程的系统工程。

人因工程学是以心理学、认知科学为基础，研究人类在复杂系统中的行为特征与认知规律，其核心目标是通过理解人类的感知、决策、行动机制，提升人机系统的安全性、效率和用户体验，尤其关注心理负荷、注意力分配、错误预防等认知交互问题。

交互设计是以用户行为与需求为核心，系统性规划人与系统（产品）之间互动方式的设计，其核心目标是通过优化信息架构、操作流程与反馈机制、界面美学等，创造高效、愉悦且符合直觉的用户体验。

上述的几个术语是研究者从不同的学科领域（工业工程、机械工程、认知心理学、设计学）针对人－机－环境协同关系提出的科学方法论。本书提到的人机交互，是面向智能汽车的人机交互，是前面这几种方法论的整合，覆盖物理适配、认知优化、体验创新的多维度交互理论方法与技术，是广义的人机交互。最终目标在于协同汽车物理与信息的功能、效能与人类用户用车需求、习惯及心理、生理极限，实现各种复杂用车场景下的人－车－环境协同进化的共生关系。

智能汽车人机交互是汽车从"机械运载工具"向"智能移动空间"转型的关键技术支撑。传统汽车的人车关系，主要是驾驶与乘坐。驾驶员依靠自身感知能力来判断道路情况和做出驾驶决策，通过物理控制装置，如方向盘、踏板和变速杆直接操控车辆实现加速、制动、转向等行驶控制。同时，驾驶员与乘员乘坐于车舱内部，座舱的空间设计与人机部件设置影响着行车过程的舒适便捷体验。而在智能汽车中，人与车辆之间增加了自动驾驶系统这一重要中介。自动驾驶系统由HMI、感知、预测、控制和传感器等模块组成，负责接收来自驾驶员和乘客的信息交互，并发出控制指令管理车辆的制动、转向、动力总成和悬架等系统，从而辅助驾驶员或独立完成驾驶任务。系统运行过程中，车辆各子系统的运行状态信息不断传递给自动驾驶系统，包括车速、方向角、加速度、发动机转速、电池电量等关键参数。同时，智能汽车还构建了与外部环境的双向信息流。通过车载感知设备和车联网技术，自动驾驶系统能够精准感知其他道路使用者、交通状况、道路条件及环境因素。借助先进的算法模型，系统可以预测其他道路使用者的运动轨迹，评估潜在风险，从而规划最优行驶路径。根据获取的信息，自动驾驶系统执行预设的驾驶任务，并将整体运行状态及处理结果反馈给驾驶员和乘客。对于装备有智能驾驶系统的车辆来说，良好的人机交互可以促进人与系统之间的有效沟通，增进彼此的理解，从而达到更安全、舒心、便捷的驾驶体验，增加用户对智能驾驶系统的信任感。这种多层次、多维度的信息交互结构，使汽车不再只是单纯的交通工具，而是集成人工智能、传感技术和自动控制于一体的复杂系统，实现了人、车、路的深度融合与协同运行。智能汽车的人机关系如图 1-2 所示。

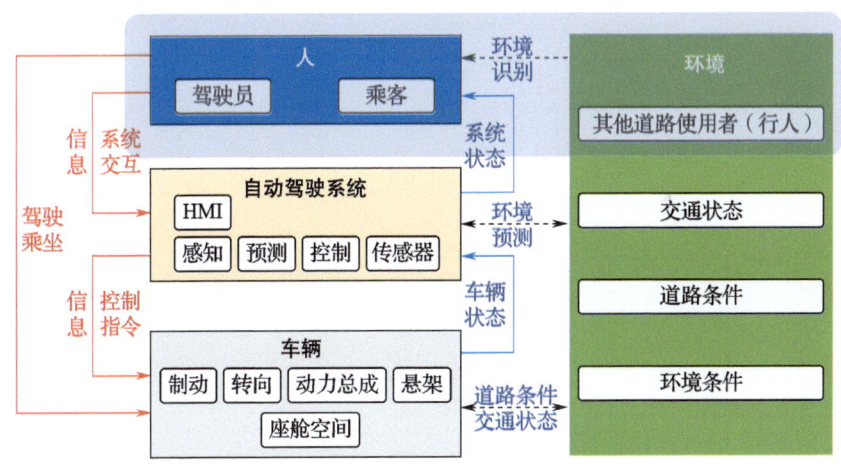

图1-2 智能汽车的人机关系

本书汇聚了作者团队在智能汽车人机交互、人因工程与驾乘体验等领域的研究成果，探索了深度学习、人工智能等前沿技术在智能汽车中的创新应用。内容涵盖自动驾驶汽车乘坐舒适性评价、驾驶疲劳分析、人机交互界面表面触觉反馈方法、L3 级自动驾驶接管过程的驾驶员情景意识与操纵绩效研究、方向触觉引导模式研究与接管时间预测、高级自动驾驶车外人机交互研究，以及融合场景语义的智能座舱驾驶员交互意图预测等方面。全书从理论到实践，系统地构建了智能汽车人机交互研究的完整体系，为提升智能驾驶安全性和用户体验提供了理论依据和技术支持。

参考文献

[1] 胡云峰,曲婷,刘俊,等. 智能汽车人机协同控制的研究现状与展望[J]. 自动化学报,2019,45(7):1261–1280. DOI:10.16383/j.aas.c180136.

[2] XING Y, LV C, CAO D, et al. Toward human-vehicle collaboration: Review and perspectives on human-centered collaborative automated driving[J]. Transportation Research Part C: Emerging Technologies, 2021, 128: 103199.

[3]《中国公路学报》编辑部. 中国汽车工程学术研究综述·2023[J]. 2023, 36(11):1–192.

[4] 国家发展和改革委员会产业协调司. 关于《智能汽车创新发展战略》(征求意见稿)公开征求意见的公告[EB/OL]. (2018–01–05). [2025–05–22] https://www.ndrc.gov.cn/fgsj/tjsj/cyfz/zzyfz/201801/t20180105_1149966.html.

[5] SAE International. Taxonomy and definitions for terms related to on-road motor vehicle automated driving systems: SAE J3016–2021[S]. Warrendale: SAE International, 2021.

[6] 国家市场监督管理总局, 国家标准化管理委员会. 汽车驾驶自动化分级: GB/T 40429–2021[S]. 北京: 中国标准出版社, 2021:16.

[7] KUN A L. Human-machine interaction for vehicles: Review and outlook[J]. Foundations and Trends® in Human-Computer Interaction, 2018, 11(4):201–293.

[8] VANISRI K, PADHY P C. Comparative analysis of digital consciousness and human consciousness: Bridging the divide in AI discourse[M]. Hershey: IGI Global, 2024:26–53.

第 2 章
自动驾驶汽车乘坐舒适性评价研究

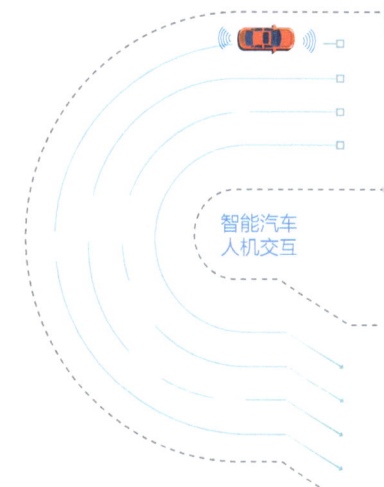
智能汽车人机交互

随着自动驾驶技术的快速发展，乘坐舒适性已成为影响自动驾驶汽车用户接受度和体验感的关键因素。本章针对自动驾驶汽车乘坐舒适性评价的研究现状进行系统性综述。首先，阐述了舒适性的含义，并分析了影响乘坐舒适性的主要因素。其次，对自动驾驶汽车的量化指标和评价模型进行了分类与详细阐述。其中，量化指标分为主观量化指标、基于汽车参数的量化指标、基于生理信号的量化指标以及基于乘员行为的量化指标；评价模型包括心理物理学模型、生物力学模型、统计学模型以及基于学习的评价模型。最后，提出了自动驾驶汽车舒适性研究的发展趋势，为进一步研究自动驾驶车系统设计与用户体验提升提供了技术参考。

2.1 引言

近年来自动驾驶技术不断发展，L1、L2 级辅助驾驶系统已实现大规模量产应用，L3、L4 级自动驾驶逐步开展测试运营，为用户提供安全、高效、便捷的智能出行服务。随着汽车自动化程度不断提高，驾驶员角色逐渐转变为乘员，乘坐舒适性对于消费者对自动驾驶汽车接受程度起到至关重要的作用[1]。如何对乘坐舒适性进行科学的量化与评价，进而提升乘车体验，已成为众多车企与科研院所的关注重点。

相较于传统汽车，自动驾驶汽车的不适感主要源于自动驾驶的智能决策控制效果以及人机协同交互性能，由于操纵汽车造成的工作负荷与身体不适感逐渐减少，乘客的乘坐体验受到更加广泛的关注。以往的自动驾驶系统，研究者主要聚焦于算法模块开发，侧重于自动驾驶汽车的安全和效率，系统往往"重安全，轻舒适"，汽车乘坐舒适性经常被忽略。而汽车乘坐舒适性会影响人们对自动驾驶汽车的接受度和信任度[2-3]，进而影响自动驾驶汽车的普及。

目前，已有大量研究针对汽车的乘坐舒适性提出了不同的量化方法，部分学者从汽车动力学参数出发，通过汽车运动状态对舒适性进行评估[4-5]；还有部分学者从乘员本身出发，在心理及生理层面对乘员乘坐感受及舒适性进行量化[6-8]，其方法包括主观调查问卷、生理信号采集等。基于此，本章从乘坐舒适性的定义与影响因素、自动驾驶汽车乘坐舒适性的量化指标、乘坐舒适性的评价模型、发展趋势等方面对自动驾驶汽车乘坐舒适性进行了综述，期望对自动驾驶汽车乘坐舒适性领域提供一定的支撑与参考。

2.2 乘坐舒适性定义与影响因素

2.2.1 乘坐舒适性定义

舒适性是一个十分复杂的概念，存在诸多影响因素，在航空航天、汽车、铁路等人机交互领域，已经较早地提出了舒适性的定义。Slater[9]将舒适性定义为"人与环境之间在生理、心理和身体层面和谐愉悦的状态"，Richards[10]认为舒适是涉及个人主观幸福感的一种状态，是对环境或情境的反应。虽然对于舒适性没有一个明确的定义，但是Looze等人[11]给出了舒适性的三个主要特征：①是一种主观且基于个人的概念；②受到各种因素（身体、生理和心理）的影响；③来自人与环境的相互作用。

随着自动驾驶汽车的舒适性得到越来越广泛的关注，一些研究人员尝试给出这种特定类型汽车的乘坐舒适性定义。Carsten和Martens[12]将舒适性描述为"在没有生理与心理压力下乘坐汽车时的主观愉悦感"，Hartwich等人[13]认为舒适性是由安全可靠的汽车操纵带来的一种主观上的放松状态。基于上述，本书将自动驾驶汽车的乘坐舒适性归纳定义为由自动驾驶汽车自主运行带来的乘员生理及心理上放松、愉悦的状态，这种状态可通过主观、客观评价手段进行量化表征，反之则是乘坐不舒适性。在一定的汽车运动的频率、强度、方向及作用时间下，这种不舒适性可能会诱发晕动[14]、病变等外在生理表现。

2.2.2 乘坐舒适性的影响因素

在L1、L2级自动驾驶系统中，影响舒适性的主要因素为辅助驾驶系统功能的参数设计。以自适应巡航控制（ACC）功能为例，汽车行驶过程中的最小车距、车速、加速度等参数设定均具有一定的设计标准[15]，以保证乘坐过程中的安全性与舒适性。相关研究表明，加速度与加速度变化率是影响汽车乘坐舒适性的关键设计参数。

在 L3 级有条件自动驾驶下，绝大部分情况下的汽车控制由自动驾驶系统完成，但当汽车的运行条件超出设计运行域（ODD）时，需要驾驶员对汽车进行及时接管。因此汽车的运动特性与自动驾驶、人工驾驶模式间的平稳切换，是影响 L3 级自动驾驶汽车乘坐舒适性的关键因素。接管时间预算、接管请求方式与交互界面的设计[16]均会对切换过程的安全性与舒适性产生影响。目前常见的接管信号形式有声音警告、仪表盘图像警告、方向盘振动反馈等。此外，驾驶员在接管前所从事的非驾驶任务类型也会对接管过程中汽车的稳定性产生影响[17]。对于 L3 级自动驾驶，舒适性研究往往从人机交互的角度进行讨论，本书所关注的舒适性更多从乘坐体验考虑。

L4 级高度自动驾驶条件下，汽车的控制由人类驾驶员转移到自动化系统[18]，用户将从驾驶员的角色转变为乘员，驾驶任务由自动驾驶系统完成。L4 级自动驾驶汽车乘坐舒适性主要取决于系统的决策规划、运动控制等模块的功能定义、逻辑设置以及参数设计。例如汽车以何种方式通过十字路口、如何与他车进行运动交互等[19]。部分研究对高级自动驾驶汽车的运动特性与乘坐舒适性间的关系进行了探索，例如，Dettmann 等人[20]发现加速度及制动强度是对舒适感影响最大的运动参数，Peng 等人[19]对比了机器驾驶特性与类人化驾驶特性对乘员乘坐舒适性的影响，结果表明类人的驾驶特性具有更高的舒适性，并且类人驾驶中"保守型"的驾驶特性舒适性更高。此外，相关研究表明，自动驾驶系统的运行特性同样会影响乘员对于自动驾驶汽车的安全预期与信任程度，而安全预期与信任程度会直接影响乘员的乘坐舒适性[21]。并且当乘客对汽车的自动驾驶系统产生不信任情绪时，会尽可能避免开启自动驾驶系统或乘坐自动驾驶汽车，导致自动驾驶技术难以被接受并普及。

2.3 自动驾驶汽车乘坐舒适性量化指标

自动驾驶汽车舒适性的量化指标可以分为主观量化指标与客观量化指标。其中，客观量化指标又可以进一步划分为基于汽车参数的量化指标、基于生理信号的量化指标及基于乘员行为的量化指标。下面将分别对自动驾驶乘坐舒适性的主客观量化指标进行综述。

2.3.1 主观量化指标

目前汽车乘坐舒适性主观量化大多基于评价量表、问卷或访谈，对乘员的主观乘坐感受进行评估，该方法能够灵活、简单地直接获取乘员对于自动驾驶汽车的乘坐体验，是各大车厂检验汽车乘坐舒适性的一个重要手段。

主观评价量表，即对心理及生理感受进行赋值，SAE J1060[22]给出了汽车轮胎噪声及舒适性的主观评价方法，该方法将测试者类别纳入评价，分为"所有测试者""多数测试者""某些测试者""关键测试者"及"经验测试者"，评分范围为间隔均等的 1~10 分，10 分为舒适性极佳，1 分为难以接受，又根据分数将舒适性划分为了三个等级：1~4 分为"不可接受"，5 分为"临界值"，6~10 分为"可接受"，见表 2-1。该量表的使用方法分为三步：首先，根据表格确定大致等级，即"不可接受""临界值"还是"可接受"，其次评估各类测试者的舒适性，将评估范围缩小，最终根据前两步的结果给出综合评分。

部分舒适性评价量表将舒适性划分为等间隔的多个等级，并给予各个等级相应的分数。例如五级李克特（Likert）量表[23]，将舒适性划分为五个等级，其中 1 分为最不舒适，5 分为最舒适；兰凤崇等人[24]对 SAE 主观评价量表进行变化，省略测试者的影响，将主观舒适性划分为 10 个等级，分别赋予均等的 1~10 分；Borg CR-10 量表[25]同样是将舒适性划分为了 10 个等级。

表 2-1 SAE 主观评价量表

1	2	3	4	5	6	7	8	9	10
不可接受				临界值	可接受				
				有条件地记为					
所有测试者	多数测试者			某些测试者	关键测试者		经验测试者		未观察
无法接受	严重不适	非常差	差	临界	勉强接受	较好	好	非常好	极好
1	2	3	4	5	6	7	8	9	10

除主观评价量表外，许多研究通过问卷调查的方式对乘员的乘坐舒适性进行评估，使用该方法可根据实验需求自由设计问卷内容，具有较强的灵活性与可变性。也有相关研究通过半结构化访谈[26]的方式对乘客的乘坐感受进行询

问,该方法具有更强的针对性,并且相比于主观调查量表与问卷,可以获取更多有效内容。上述主观量化指标均基于传统驾驶汽车,目前对于自动驾驶汽车的主观舒适性评价仍旧依托于传统的评价方法,这些方法在自动驾驶汽车中依旧具有较强的适用性。虽然主观评价法简单便捷,但其缺点是具有较强的主观性,十分容易受到个体差异的影响。

2.3.2 基于汽车参数的量化指标

在汽车运动参数中,加速度与加速度变化率被认为是影响乘坐舒适性的关键参数。ISO 2631-1:2009《机械振动与冲击 人体暴露于全身振动的评价 第1部分:一般要求》[27]将汽车的振动信号作为舒适性的评价指标,分别对座椅支撑面(1)、座椅靠背(2)、脚支撑面(3)三处的振动加速度输入进行轴加权及频率加权,其中ISO 2631人体坐姿受振模型如图2-1所示,根据表2-2中总加权加速度均方根值、加权振级与人的主观感受之间的对应关系给出舒适性评级。

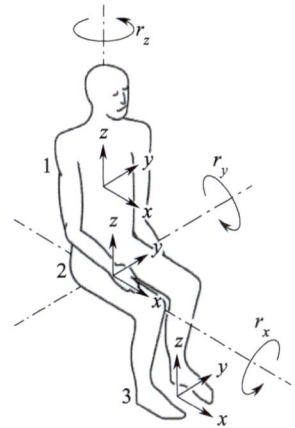

图2-1 ISO 2631人体坐姿受振模型

GB/T 4970—2009《汽车平顺性试验方法》[28]选取乘员座椅支撑面、座椅靠背、脚支撑面处的垂向最大(绝对值)加速度响应$\ddot{Z}_{max}$作为评价指标:

$$\ddot{Z}_{max} = \frac{1}{n}\sum_{j=1}^{n}\ddot{Z}_{maxj} \qquad (2-1)$$

式中,n为脉冲实验的有效次数($n \geq 5$)。

当振动峰值系数大于9时,使用辅助评价方法进行评价,选取振动剂量值 VDV 作为评价指标：

$$\text{VDV} = \left[\int_0^T a_w^4(t) \, dt \right]^{\frac{1}{4}} \quad (2-2)$$

式中，$a_w(t)$ 为加权加速度时间历程，单位为 m/s²；T 为振动作用时间，单位为 s。

表 2-2 a_w、L_{aw} 和人的主观感受之间的对应关系

总加权加速度均方根值 a_w/(m/s²)	加权振级 L_{aw}/dB	人的主观感受
<0.315	<110	没有不舒适
0.315~0.63	110~116	有一些不舒适
0.5~1.0	114~120	相当不舒适
0.8~1.6	118~124	不舒适
1.25~2.5	112~128	很不舒适
>2.0	>126	极不舒适

Bae 等人[29]通过回顾现有关于乘坐舒适性标准的相关研究，设计了乘员偏好度量（OPM），该度量定义了不同舒适性感受下汽车横、纵向加速度及加速度变化率的变化区间。Tan 等人[30]的研究表明，当汽车的横向加速度和横向加速度变化率分别控制在 $0.15g$ 和 $0.25g/s$ 以下时，具有较好的乘坐舒适性。Du 和 Tan[31]通过限制方向盘角度及汽车加速度来减小汽车运动对乘客造成的冲击。表 2-3 对基于汽车加速度与加速度变化率的舒适性评价进行了梳理。

当汽车加速度超过一定阈值，随着时间的累积，容易导致更严重的晕动现象，在 ISO 2631-1：2009 标准中，引入了加速度频率加权的方法，以评估汽车振动对晕动症发病的影响。评价指标为晕动症剂量值 MSDV：

$$\text{MSDV} = \sqrt{\int_0^T a_w^2(t) \, dt} \quad (2-3)$$

式中，a_w 为频率加权后的加速度；T 为机体暴露于加速度激励下的总时间。

基于汽车参数的量化指标具有较强的客观性及可解释性，但不同乘员对于汽车运动冲击的接受程度不同，并且以汽车加速度为例，相同的加速度信号，经过不同的轮胎、悬架、座椅等部件传递到人体的冲击是不同的，因此这种指标同样具有一定的局限性。

表 2-3 汽车加速度（a）、加速度变化率（z）舒适阈范围

文献	汽车参数	年份	舒适性量化指标	舒适性/不舒适性阈值范围
[15]	车速、加速度、加速度变化率	2009	车速 5~20m/s 下的汽车纵向加速度（m/s²）	<-3.5(20m/s)~-5(5m/s)
			车速 5~20m/s 下的汽车纵向减速度（m/s²）	<2(20m/s)~4(5m/s)
			车速 5~20m/s 下的汽车纵向加速度变化率（m/s³）	<2.5(20m/s)~5(5m/s)
[29]	加速度、加速度变化率	2020	横向加速度（m/s²）	$\|a\|$<0.9(公共交通)
				0.9<$\|a\|$<4(正常型)
				4<$\|a\|$<5.6(激进型)
				5.6<$\|a\|$<7.6(极度激进型)
			纵向加速度（m/s²）	$\|a\|$<0.9(公共交通)
				-2.0<a<-0.9；0.9<a<1.47(正常型)
				-5.08<a<-2.0；1.47<a<3.07(激进型)
				3.07<a<7.6(极度激进型)
				-7.6<a<-5.08(紧急制动)
			横向加速度变化率（m/s³）	$\|z\|$<0.6(公共交通)
				0.6<$\|z\|$<0.9(正常型)
				0.9<$\|z\|$<2.0(激进型)
			纵向加速度变化率（m/s³）	$\|z\|$<0.6(公共交通)
				0.6<$\|z\|$<0.9(正常型)
				0.9<$\|z\|$<2.0(激进型)
[32]	加速度	2016	纵向加速度	$0g$~$0.14g$(轻轨交通)
				$0.14g$~$0.25g$(保守型)
				$0.25g$~$0.50g$(自信型)
			纵向减速度	$0g$~$-0.14g$(轻轨交通)
				$-0.14g$~$-0.33g$(保守型)
				$-0.33g$~$-0.76g$(自信型)
			横向加速度	$0g$~$0.15g$(轻轨交通)
				$0.15g$~$0.42g$(保守型)
				$0.42g$~$0.54g$(自信型)
			垂向加速度	$0g$~$0.16g$(保守型)
				$0.16g$~$0.66g$(自信型)

(续)

文献	汽车参数	年份	舒适性量化指标	舒适性/不舒适性阈值范围
[30]	加速度、加速度变化率	2022	横向加速度	<0.15g
			横向加速度变化率	<0.25g/s
[33]	加速度	2015	横向加速度(m/s^2)	<1.8(可接受)
				1.8~3.6(能够忍受)
				>5(超出承受范围)
[27]	加速度	1997	加速度均方根值(m/s^2)	<0.315(没有不舒适)
				0.315~0.63(有一些不舒适)
				0.5~1.0(相当不舒适)
				0.8~1.6(不舒适)
				1.25~2.5(很不舒适)
				>2.0(极不舒适)

2.3.3 基于生理信号的量化指标

基于生理信号的量化方法通过测量汽车行驶过程中乘员的各项生理信号，结合解剖学、医学、心理学等领域对于人体生理机制的基础理论，得出不同生理指标变化与人的舒适性之间的关系。在生理指标的测量方面，目前测量手段已经较为全面并且形成了相应的研究与操作规范，包括眼部活动测量、心电测量、皮电测量、肌电测量、脑电测量、近红外脑功能成像、体压测量等多种生理指标测量，并且利用医学、传感技术、统计分析、信号处理等多个学科专业知识与方法对生理因素进行处理与分析[34]，为驾驶员与乘员的感受研究提供了极大的帮助。

在心率、眼动及皮肤电活动测量方面，Stapel 等人[35]研究了 L2 级自动驾驶条件下驾驶员的信任与风险感知情况，探究了风险感知与驾驶员心率、皮肤电活动（GSR）、眼动信号的关系，结果表明 GSR、心率和瞳孔大小与风险感知有关，但对个体事件的监测缺乏特异性。Yang 等人[36]探究了不同运动状态对心率变异（HRV）参数的影响，结果表明在制动过程中心率 N-N 间期标准（SDNN）显著降低，并且制动强度越大，舒适性越低。Beggiato 等人[37]基于模拟驾驶器的研究表明，在自动驾驶条件下，不适感会导致驾驶员心率与瞳孔直径发生显著变化，随着不舒适的时间增加，心率逐渐降低并且瞳孔直径逐渐减小。

在肌电测量方面，Zheng 等人[38]研究利用表面肌电（EMG）测量、估计和量化了乘客在障碍赛中胸锁乳突肌（SCM）对汽车横向加速的反应，结果表明左右侧 SCM 的肌电信号与汽车横向加速方向呈负相关，肌电信号增大时，乘客的不适感增强。Zheng 等人[39]还探究了不同驾驶模式（手动驾驶及自动驾驶）及跟车距离下驾驶员咬肌及手掌汗液的变化，结果表明咬肌肌电和手掌汗液与驾驶员的主观精神负荷有着相同的变化趋势。Kia 等人[40]探究了不同的座椅悬架方式（静态、半主动、主动）对竖脊肌、斜方肌、头夹肌和胸锁乳突肌四处肌肉肌电信号的影响，结果表明相较于静态座椅悬架，半主动与主动悬架方式下测得的左侧斜方肌与头夹肌活动信号较低，舒适性较高。

在脑电及近红外脑功能成像（f-NIRS）测量方面，Jaume 等人[9]采用近红外脑功能成像技术来客观测量自动驾驶过程中乘员对于自动化系统的信任程度，结果表明眶额皮层、腹外侧和背外侧前额叶皮层结构是最有可能负责高度自动驾驶中自动化信任的部分。Chuang[41]等人发现大脑额叶和颞叶 δ 及 β 波功率、枕区 δ 和 θ 波功率，与晕动症密切相关。

在体压测量方面，静态体压已被广泛用于座椅静态舒适性评价[42-44]，而对于汽车行驶过程中的动态体压变化研究较少，重庆大学的张志飞等人[45]发现平均压力变化率和法向力变化率的均方根值与主观不舒适性评分均具有较高的关联性（$R > 99.0\%$），能够较好地衡量汽车的动态振动舒适性。

表 2-4 详细列出了上述基于生理信号的量化指标。生理指标测量具有客观、有效、精确的优点，由于测量结果以客观数据形式呈现，因而可以通过后续的标准化、归一化等统计分析方法对数据进行梳理，避免了由于个体差异而造成的实验误差，并且随着传感器设备、通信技术以及计算机技术的发展，出现了无须佩戴的屏幕式眼动仪[46]，通过摄像头实时监测被试人员眼部活动，为实现驾乘人员状态的实时监测提供了技术支持，同时避免了设备穿戴对实验造成的干扰。但是目前大多数生理测量设备，例如多功能生理测量仪、脑电测量设备等，仍然需要被试人员进行穿戴后测量，对研究具有一定的干扰性，并且需要数据采集后进行处理与统计分析，难以实现实时监测。

表 2-4 基于生理信号的量化指标

文献	生理信号	发表年份	应用场景
[35]	心率、皮肤电、眼动	2022	乘员对 L2 级自动驾驶的信任与风险感知
[36]	心率变异性	2021	L2 级自适应巡航系统的乘坐舒适性

(续)

文献	生理信号	发表年份	应用场景
[37]	心率、皮肤电、眼动	2019	高度自动驾驶汽车的乘坐舒适性
[39]	肌电、汗液	2015	自动驾驶货车的乘坐舒适性
[40]	肌电	2021	自动驾驶汽车不同悬架类型的乘坐舒适性
[9]	近红外脑功能成像	2023	乘员对自动驾驶汽车的信任程度
[41]	脑电	2016	乘员乘坐汽车的晕动状态评估
[38]	肌电	2013	标准障碍测试工况下的乘坐舒适性
[42]	静态体压	2000	
[43]	静态体压	2012	汽车座椅的静态乘坐舒适性
[44]	静态体压	2023	
[45]	动态体压	2022	汽车座椅的动态乘坐舒适性

2.3.4 基于乘员行为的量化指标

乘员在乘坐自动驾驶汽车时的行为能够直接反映其舒适状态，常见的乘员行为量化指标包括身体姿态、面部表情和非驾驶任务表现，下面将从这三个方面对基于乘员行为的自动驾驶汽车乘坐舒适性量化进行探讨。

对于身体姿态的研究主要集中于乘员的关节角度和关节扭矩[47]，Zacher等人[48]通过实验验证了关节角度对于乘坐舒适性的影响，部分学者通过实验研究逐步确定了驾驶员的舒适姿势与最优关节角度[49-50]。目前对于身体姿态舒适性的研究大多围绕驾驶员的驾驶舒适性，而对于非驾驶位的乘员乘坐舒适姿态研究较少，暂未形成规范的评价标准。

面部表情是人类情感与心理状态的直接反映，乘员乘车过程中的面部表情可以提供关于其情绪状态的重要信息，目前对于人体面部表情的研究大多围绕驾驶员疲劳监测方面，例如单位时间内眼睛闭合的时长与单位时间的比例（PERCLOS）[51]是目前被广泛认可的驾驶员疲劳监测指标，此外还有驾驶员哈欠时的嘴部开闭程度、点头频率等。虽然在乘员舒适性评估方面基于面部表情的研究较少，但随着汽车监测系统的发展与自动化等级的提高，对乘员情绪进行实时监测，进而调整自动驾驶策略，有望在未来实现。

在L3和L4级自动驾驶条件下，乘员能够进行非驾驶任务，部分研究通过乘员进行非驾驶任务时的表现对汽车的乘坐舒适性进行量化与评估。例如Kia等人[40]通过令被试在18个圆圈中指定目标圆任务与打字任务，评估乘员在乘坐不同类型的座椅悬架下（被动、半主动、主动）的乘坐舒适性，但是这种方法受个体差异影响较大并且只适用于特定的驾驶场景。

2.4 自动驾驶汽车乘坐舒适性评价模型

2.4.1 心理物理学模型

对于舒适性的评估本质上是较为主观的感受评估，因此许多研究人员试图通过建立心理物理学模型来客观量化舒适性[52]，心理物理学模型主要研究物理刺激与心理量之间的定量关系[53]，Gorelik 等人[54]通过监测驾驶员的心理物理学状态探究了心理量与汽车运动参数之间的关系。美国心理物理学家史蒂文斯 1953 年提出了"史蒂文斯幂定律"[55]，客观量化了人的主观感受与外部输入的刺激量之间的关系，发现心理量与刺激量的乘方成正比。目前已有大量研究应用史蒂文斯幂定律探究乘员的主观感受与客观评估之间的关系[56-57]。唐传茵等人[58]利用模糊随机评价模型分析了心理物理学中的不确定性，提出了一种基于烦恼率的舒适度评价方法。这种基于心理物理学模型的评价方法基于心理学理论，具有较强的稳定性与可解释性，但其应用场景较为单一，难以应用于复杂多变的工况，具有一定的局限性。

2.4.2 生物力学模型

基于人体生物力学模型的评价模型已经被广泛应用于汽车振动舒适性与乘坐舒适性领域，在人体动力学、生物力学、解剖学等学科理论与实验的基础上，学者们开发了一系列的人体动力学模型，例如有限元模型、多体动力学模型、骨肌系统动力学模型等。

人体有限元模型基于有限元方法，考虑了人体软组织、骨骼组织等特征，可用于计算评估人体内部应力、应变等，进一步根据人体受力状况对舒适性进行评估[59-60]。Amiri 等人[61]通过建立人-椅系统有限元模型，对全身振动和坐姿对汽车乘员腰椎负荷的影响进行了仿真分析，为汽车乘坐舒适性设计提供了重要理论依据。Guo 等人[62]建立了人体皮肤、骨骼和肌肉的实体模型与人体-座椅系统的集成模型，通过有限元模型分析了座椅腰部支撑参数对重力作用下身体与座椅相互作用的影响。基于有限元模型的评估方法需求的数据量及计算量较大并且准确程度依赖于人体生物力学参数（软组织、关节参数等）[63]，因此具有一定的局限性。

多体动力学模型将人体分区并简化为多刚体，通过铰链进行连接，可以粗略地对人体的局部生物力学响应进行计算评估[64-65]。Liang 和 Chiang[66]建立了具有靠背支撑的五自由度多体动力学模型，可预测不同驾驶姿势下人体头部、背部和臀部的传递率。多体动力学模型可以较为简单便捷地求解人体对外界刺激的响应，例如人体不同部位的加速度参数等，但缺少人体组织的特征描述，具有较低的精度。

骨肌系统动力学模型在多体动力学模型的基础上，将骨骼看作刚体，肌肉、软组织等对骨骼施加的力看作力线，关节简化为阻尼器与弹簧，与生物力学相结合对人体的舒适性进行仿真分析[67]。骨肌系统动力学模型相较于多体动力学模型更加精确，其关键问题包括如何利用数学模型表征肌肉力、如何对片状复杂肌肉进行建模等。如何与人脑感知与肌肉代谢疲劳建立联系，对乘坐舒适性进行评估，是其下一步的发展趋势。

基于生物力学的模型，从人体生物学特性出发，结合多领域理论对人体进行建模与舒适性评价，具有较强的可解释性与理论支撑，但数据量与计算量较大，不适用于复杂工况及实时评估。

2.4.3　统计学模型

汽车舒适性评价是一个复杂的过程，涉及多个变量和指标，基于统计学模型的方法大多应用于实验研究，能够从大量的实验数据中找出统计学规律，进而构建相应的统计学模型，也是自动驾驶汽车舒适性研究中最常用的方法。常用的构建统计学模型的方法包括回归分析、方差分析、主成分分析等。基于统计学的模型能够准确、客观地对乘员舒适性进行量化，并且可以通过统计检验判断结果的显著性，但其对于数据的依赖性较强，并且传统统计模型通常基于静态数据，可能无法及时反映动态变化，如乘客偏好或环境因素的变化。

2.4.4　基于学习的评价模型

随着人工智能技术的进步，对于汽车乘坐舒适性的评估逐渐转向基于学习的方法，例如深度学习[68]、半监督学习[69]、集成学习[70]等。Huang 等人[61]将客观评价指标与乘员的主观感受评分输入 BP（Back Propagation）神经网络模型进行训练和验证，实现了根据客观汽车运动信号对汽车行驶舒适性进行评估。BP 神经网络是一个高度非线性的输入输出系统，结构简单并且具有较好的学习、容错能力，能够满足主客观评价的拟合需求。基于 BP 神经网络的舒适性评价模型如图 2-2 所示。

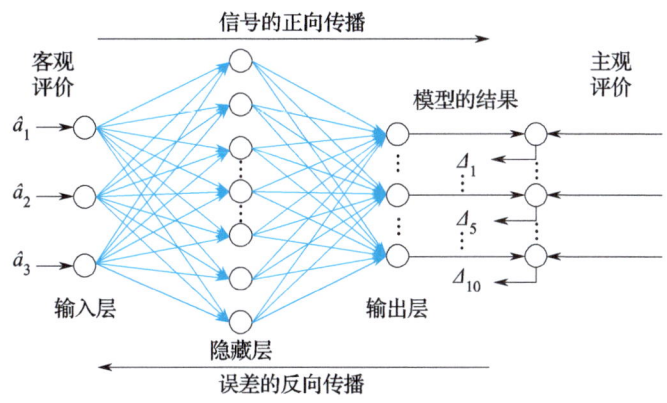

图 2-2 基于 BP 神经网络的舒适性评价模型[71]

Teron 等人[72]建立了一个三层人工神经网络模型，量化了汽车客观参数（速度、加速度、加速度变化率）、乘客相关特征（位置、年龄、身高、体重等）、乘坐舒适性指标（振动剂量值和最大瞬态振动值）与乘客主观舒适性评分之间的关系。Hamid 等人[73]使用四层神经网络模型，建立了乘客感受与汽车振动参数之间的非线性关系。

Luntian 等人[74]建立了基于注意力机制的卷积神经网络 – 长短期记忆神经网络（CNN-LSTM）模型，用于评估驾驶员压力，该模型通过融合人眼数据、汽车动力学数据和环境数据来提取压力相关信息，从而对驾驶员的压力水平进行分类。

基于学习的评价方法能够开发出具有强大功能的机器学习模型，这些模型可以用于量化自动驾驶汽车的舒适性[75]。然而，基于学习的模型通常为一个黑盒子，具有较低的可解释性。此外，这些模型的准确性在很大程度上依赖于数据集的质量和准确性，乘客舒适性量化领域的数据集有限，一定程度上阻碍了基于学习的评价模型在自动驾驶汽车乘坐舒适性量化方面的进一步发展。

2.5 垂向振动条件下的乘坐舒适性评价研究

随着汽车智能化技术的快速发展，消费者对驾乘体验的关注度显著提升，乘坐舒适性不仅是衡量车辆性能的核心指标之一，更是消费者选择产品的重要依据[76]。相关研究表明，垂向振动激励作为车辆行驶过程中的主要扰动源，具有瞬时冲击大、难以预知的特点，例如通过坎坷路面或损坏道路等，此类垂向振动激励是引发肌肉紧绷、心理不适以及加剧脊椎受损风险的关键因素[77]。因此，如何科学量化垂向振动激励下的乘坐舒适性并建立客观评价体系，进而以此为依据优化底盘控制，改善车辆的行驶平顺性，已成为提升车辆驾乘体验与用户满意度的重要方向。垂向激励下的车辆乘坐舒适性的影响因素复杂，受到输入振动幅值、频率、作用时间的影响[78]。本研究针对垂向振动工况下人体多部位动态响应与舒适性的量化评价问题，提出了一种基于人体加速度的车辆乘坐舒适性评价方法。首先，招募了10名受试者，采集以不同车速通过标准减速带过程身体16个部位的加速度响应数据，并进行了主观舒适性问卷评分；其次，发掘了人体各部位加速度随车辆运动的瞬态响应特性与时间累积变化特性，进一步选取与主观舒适性显著相关的指标，通过回归分析构建了垂向振动条件乘坐舒适性评价模型。通过试验结果分析得到，脚部瞬时加速度极值以及大腿、盆骨、肩膀处的振动剂量值与主观舒适性显著相关，能够较好地反映乘员乘坐舒适特性，本研究可为车辆舒适性的主客观综合评价与车辆底盘运动控制的优化设计提供参考。

2.5.1 研究方法

（1）受试者

试验共招募了10名身体健康状况良好的受试者（包括5名女性和5名男性），年龄在19~27岁之间，各项统计学信息见表2-5。所有受试者均被提前告知且知悉了试验目的与流程，并签署知情同意书。

表2-5 受试者各项统计学信息的均值（标准差）

统计学信息	年龄	身高/cm	体重/kg	BMI/(kg/m^2)
均值（标准差）	21.7 (2.37)	170.7 (8.38)	64.4 (9.18)	22.02 (1.93)

（2）试验设备

试验用车为红旗E-HS9，试验招募具有20年驾龄的专业驾驶员1名，在试验过程中保证车速稳定于所设定的目标车速。试验在封闭测试区的一条单侧车道上进行，垂向激励源自符合国家标准的减速带。减速带高4.5cm，宽22cm，平整放置于道路中央，与车辆行驶方向保持垂直。

试验使用 Xsens Awinda 惯性运动捕捉设备对人体 16 个部位的加速度信号进行采集,该设备由无线惯性传感器(MTw)和基站组成,采样频率为 60Hz,能够有效避免信号采集过程中的混叠失真问题。使用身体绑带将 16 个 MTw 固定在人体头部、颈部、胸部、盆骨、左肩、右肩、左大臂、右大臂、左小臂、右小臂、左大腿、右大腿、左小腿、右小腿、左脚及右脚处,如图 2-3 所示,每个 MTw 尺寸为 47mm×30mm×13mm,重量为 20g,与基站间通过无线传输。

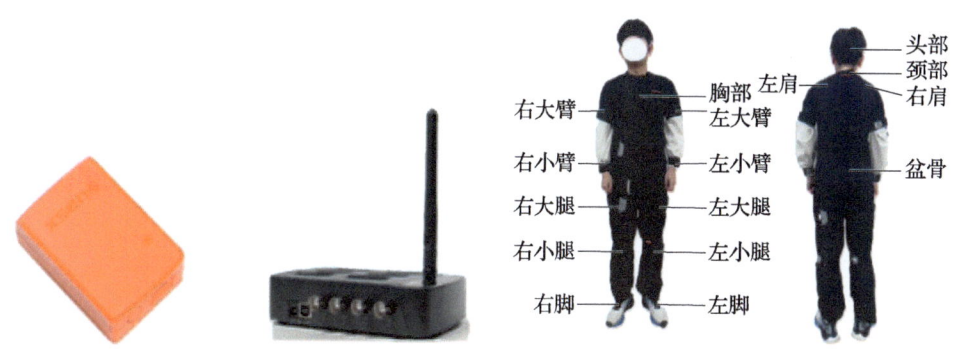

图 2-3　Xsens Awinda 惯性运动捕捉设备与传感器位置

(3) 试验方法

受试者佩戴 Xsens Awinda 惯性运动捕捉设备坐在前排乘客位置,在试验过程中全身放松,佩戴安全带,双手自然地放在大腿上,背靠座椅保持舒适的坐姿不变。在车辆通过减速带前 50m 稳定车速为试验车速,试验车速依次为 10km/h、20km/h、30km/h、40km/h、50km/h、60km/h,全程记录试验数据,取车辆前轮接触减速带至完全通过且垂向冲击响应完全衰减(振幅衰减至初始值的 5% 以内)作为试验有效过程,每种车速的有效试验次数不少于 5 次,并且保证每次测量偏差不超过 5%。每次试验结束后,受试者都需要根据试验感受进行舒适性评分,采用 Borg CR-10 量表[79],见表 2-6,0 分表示完全没有不适感,10 分表示严重不适,取 5 次评分的均值作为主观舒适性的最终评分。

表 2-6　舒适性 Borg CR-10 量表

得分	0	0.5	1	2	3	4	5	6	7	8	9	10
不适感	完全没有不适感	非常轻	很轻	轻	中度	稍微不适	不舒适		很不舒适		非常不适	严重不适

(4) 数据的预处理与指标提取

依据 GB/T 4970—2009《汽车平顺性试验方法》，本研究对采集的原始加速度信号进行系统性预处理，为避免高频噪声在采样过程中产生混叠效应，截止频率为 100Hz，综合考虑垂向脉冲输入带来的瞬时冲击与累积效应，提取了人体 16 个部位的最大加速度响应（包括方向向上的最大瞬时加速度 $\ddot{Z}_{\max u}$ 和方向向下的最大瞬时加速度 $\ddot{Z}_{\max d}$）及振动剂量值（Vibration Dose Value，VDV）：

$$\ddot{Z}_{\max u} = \frac{1}{n}\sum_{j=1}^{n}\ddot{Z}_{\max uj} \qquad (2-4)$$

$$\ddot{Z}_{\max d} = \frac{1}{n}\sum_{j=1}^{n}\ddot{Z}_{\max dj} \qquad (2-5)$$

式中，n 为脉冲试验的有效次数（$n=5$）；$\ddot{Z}_{\max uj}$、$\ddot{Z}_{\max dj}$ 分别为第 j 次试验结果的向上、向下最大加速度响应，单位为 m/s^2。

$$VDV = \left[\int_0^T a_w^4(t)\mathrm{d}t\right]^{\frac{1}{4}} \qquad (2-6)$$

式中，$a_w(t)$ 为加权加速度时间历程，单位为 m/s^2；T 为激励作用时间，即从车辆前轮接触减速带开始，至车辆行驶过凸块且冲击响应消失后结束，单位为 s。

2.5.2 数据分析

(1) 单因素方差分析

10 名受试者在不同车速下的人体各部位 VDV 值如图 2-4 所示，从图中可以看出，随着车速的增加，受试者各部位 VDV 值呈现先增大后减小的趋势，峰值出现在 20~40km/h 车速区间。

经检验，不同车速下人体各部位 VDV 均服从正态分布（$p \geq 0.05$）与方差齐性（$p \geq 0.05$），满足进行单因素方差分析（ANOVA）检验的条件。不同车速下的各部位加速度振动剂量值的 ANOVA 检验结果见表 2-7，经检验，车速对于盆骨、右大臂、左大臂、右小臂、左小臂、右大腿、左大腿、右小腿、左小腿、左脚、右脚处的 VDV 均具有显著的主效应（$p \leq 0.05^*$），表明盆骨、右大臂、左大臂、右小臂、左小臂、右大腿、左大腿、右小腿、左小腿、左脚、右脚处 VDV 值受过带车速影响显著。

第 2 章 自动驾驶汽车乘坐舒适性评价研究

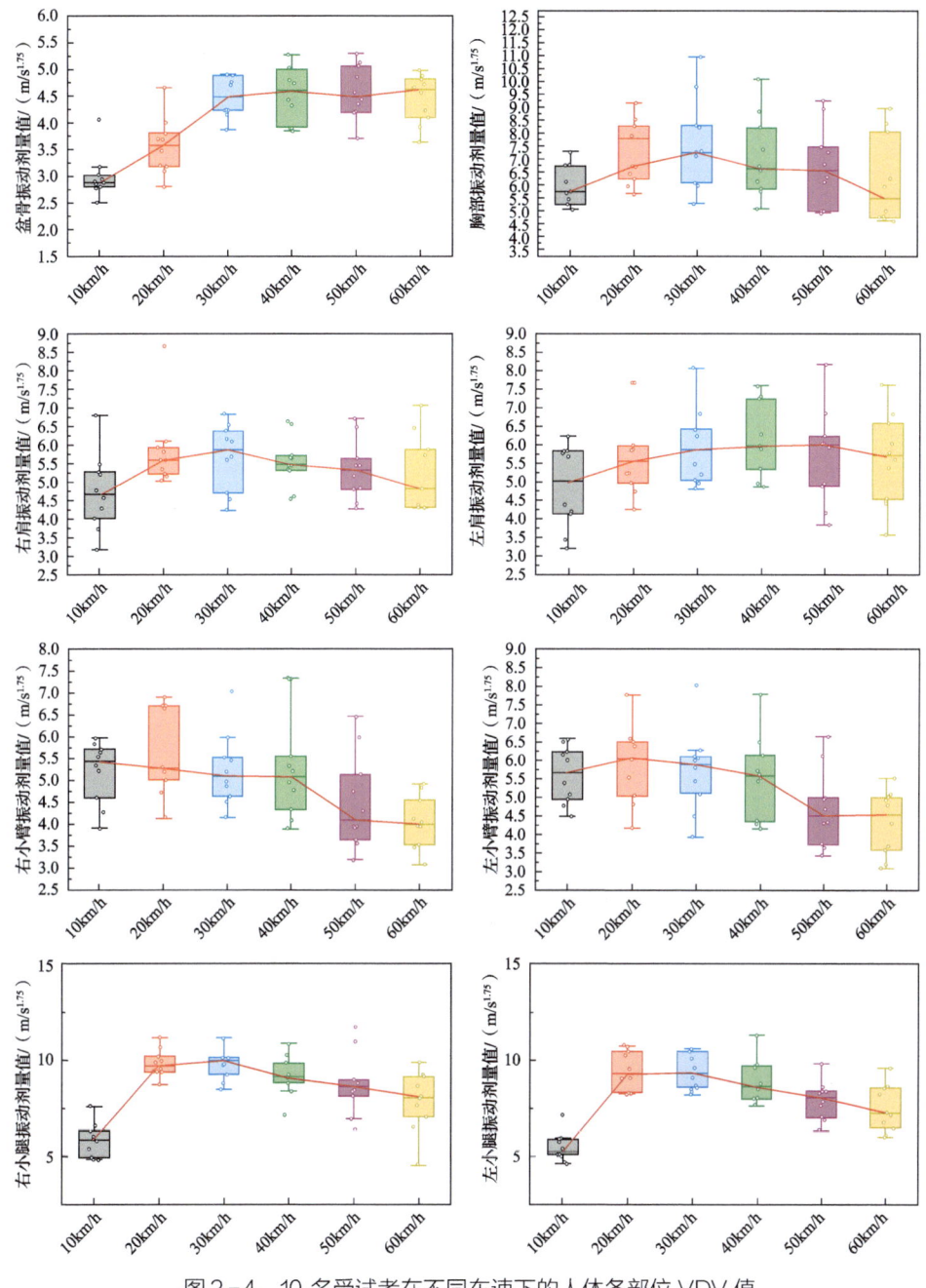

图 2-4 10 名受试者在不同车速下的人体各部位 VDV 值

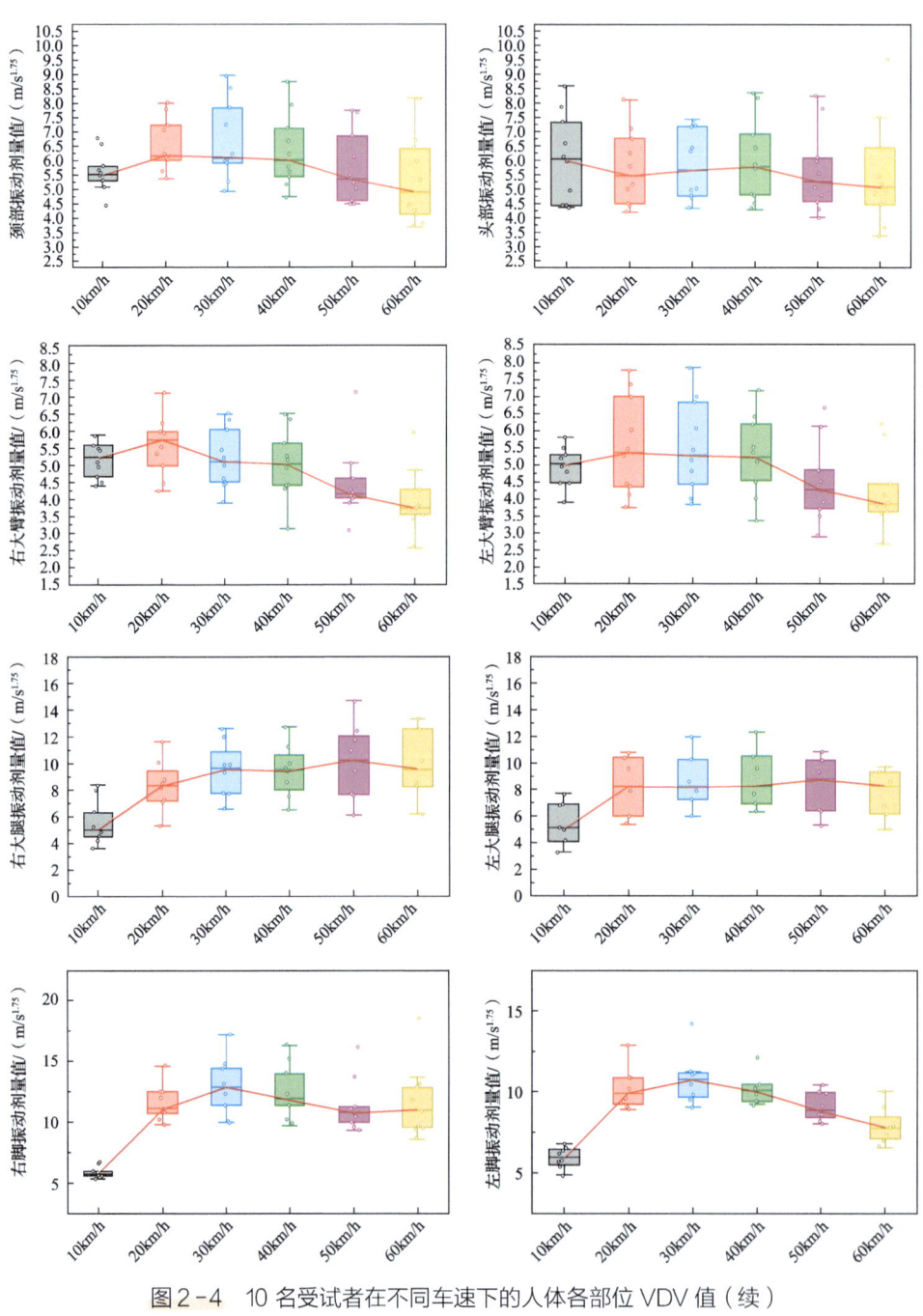

图2-4 10名受试者在不同车速下的人体各部位VDV值（续）

表 2–7 各部位 VDV ANOVA 检验结果

部位	自由度	均值方差	F 值	p
盆骨	5	4.394	20.146	0.000
右大臂	5	3.353	4.228	0.003
左大臂	5	3.120	2.346	0.053
左小臂	5	3.787	3.961	0.004
右小臂	5	3.528	4.140	0.03
右大腿	5	25.627	5.320	0.001
左大腿	5	10.523	2.760	0.033
右小腿	5	23.432	17.445	0.000
左小腿	5	23.209	22.618	0.000
右脚	5	60.299	13.486	0.000
左脚	5	26.892	21.397	0.000

10 名受试者在不同车速下的人体各部位 $\ddot{Z}_{max\ u}$ 与 $\ddot{Z}_{max\ d}$ 值如图 2–5 所示。从图中可以看出，随着车速的增加，受试者各部位 $\ddot{Z}_{max\ u}$ 与 $\ddot{Z}_{max\ d}$ 值同样呈现先增大后减小的趋势，峰值出现在 20~40km/h 车速区间。经检验，不同车速下人体各部位 $\ddot{Z}_{max\ u}$ 与 $\ddot{Z}_{max\ d}$ 均服从正态分布（$p \geq 0.05$）与方差齐性（$p \geq 0.05$），满足进行 ANOVA 检验的条件。不同车速下的人体各部位 $\ddot{Z}_{max\ u}$ 与 $\ddot{Z}_{max\ d}$ 值 ANOVA 检验结果见表 2–8 与表 2–9，经检验，车速对盆骨、胸部、颈部、头部、右大臂、左大臂、右小臂、左小臂、右大腿、左大腿、右小腿、左小腿、右脚、左脚处 $\ddot{Z}_{max\ u}$ 均具有显著主效应（$p \leq 0.05^*$），表明盆骨、胸部、颈部、头部、右大臂、左大臂、右小臂、左小臂、右大腿、左大腿、右小腿、左小腿、右脚、左脚处 $\ddot{Z}_{max\ u}$ 值受过带车速影响显著。同理，车速对盆骨、右大臂、左大臂、右小臂、左小臂、右大腿、左大腿、右小腿、左小腿、右脚、左脚处 $\ddot{Z}_{max\ d}$ 均具有显著主效应（$p \leq 0.05^*$），表明盆骨、右大臂、左大臂、右小臂、左小臂、右大腿、左大腿、右小腿、左小腿、右脚、左脚处 $\ddot{Z}_{max\ d}$ 值受过带车速影响显著。

从图 2–5 可以看出，不同车速下人体各部位的 $\ddot{Z}_{max\ u}$ 与 $\ddot{Z}_{max\ d}$ 值具有一定差异，为探究二者之间的差别，对不同车速下身体各部位的 $\ddot{Z}_{max\ u}$ 与 $\ddot{Z}_{max\ d}$ 值进行了配对样本 T 检验。经检验，除盆骨外，其余部分 $\ddot{Z}_{max\ d}$ 均大于 $\ddot{Z}_{max\ u}$，除盆骨（$p = 0.685 > 0.05$）与右大腿（$p = 0135 > 0.05$）外，其余部位 $\ddot{Z}_{max\ d}$ 均显著大于 $\ddot{Z}_{max\ u}$（$p \leq 0.05^*$），表明在垂向激励下，人体向下的瞬时加速度响应要大于向上的瞬时加速度响应。

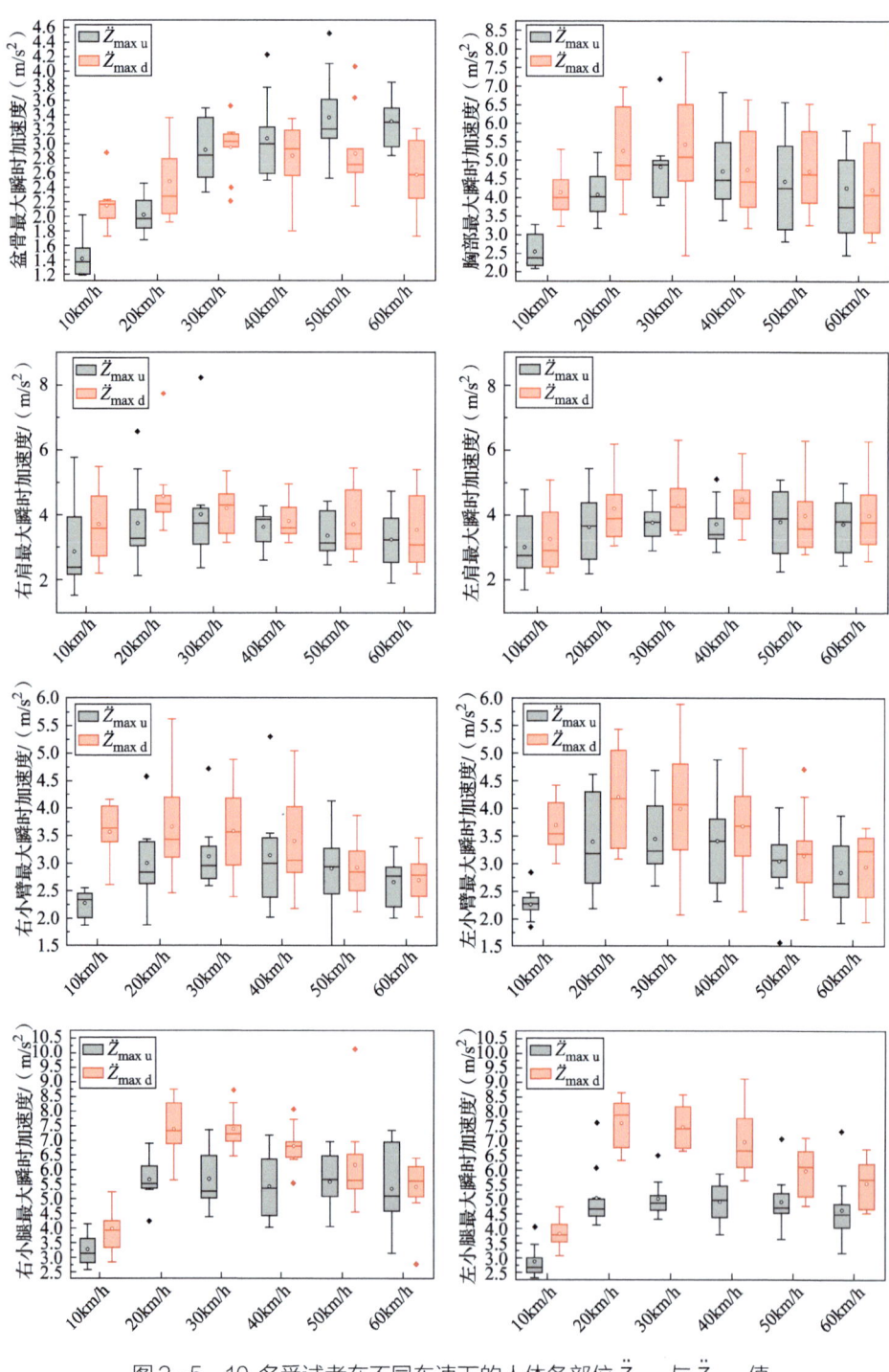

图2-5 10名受试者在不同车速下的人体各部位 $\ddot{Z}_{\max u}$ 与 $\ddot{Z}_{\max d}$ 值

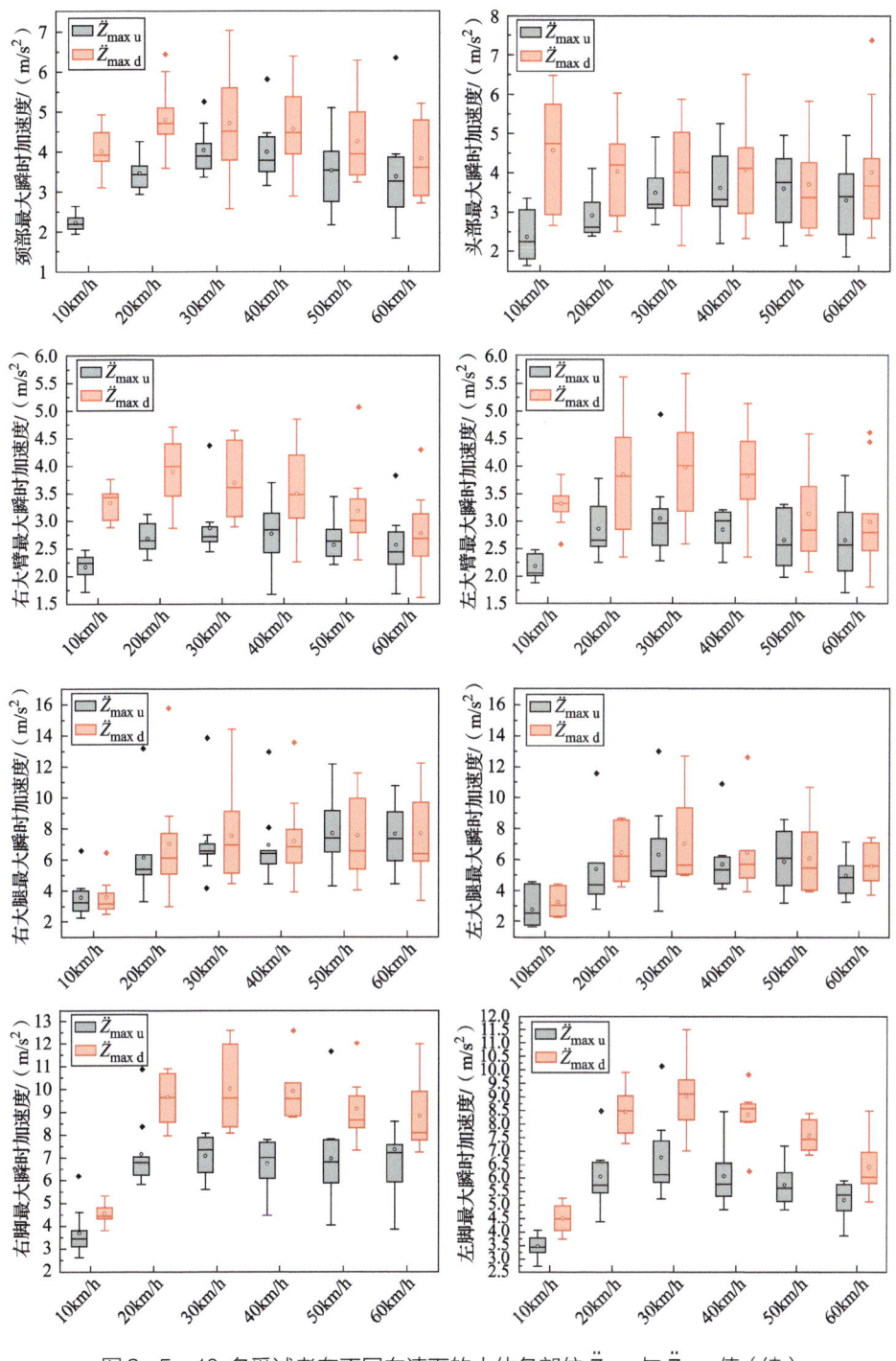

图2-5 10名受试者在不同车速下的人体各部位 $\ddot{Z}_{max\ u}$ 与 $\ddot{Z}_{max\ d}$ 值（续）

表2-8　各部位 $\ddot{Z}_{\max u}$ ANOVA 检验结果

部位	自由度	均值方差	F值	p
盆骨	5	6.299	34.186	0.000
胸部	5	6.842	5.724	0.000
颈部	5	4.288	6.995	0.000
头部	5	2.325	3.557	0.007
右大臂	5	0.595	2.572	0.037
左大臂	5	0.882	2.904	0.022
右小臂	5	1.123	2.525	0.04
左小臂	5	2.125	4.288	0.002
右大腿	5	21.886	3.916	0.005
左大腿	5	12.071	2.517	0.044
右小腿	5	9.497	8.655	0.000
左小腿	5	7.238	9.956	0.000
右脚	5	19.083	6.952	0.000
左脚	5	10.443	9.446	0.000

表2-9　各部位 $\ddot{Z}_{\max d}$ ANOVA 检验结果

部位	自由度	均值方差	F值	p
盆骨	5	0.896	4.195	0.003
右大臂	5	1.578	3.421	0.009
左大臂	5	1.757	2.31	0.057
右小臂	5	1.605	2.825	0.024
左小臂	5	2.269	3.351	0.01
右大腿	5	22.334	2.614	0.036
左大腿	5	12.59	2.668	0.038
右小腿	5	18.435	18.631	0.000
左小腿	5	20.612	31.006	0.000
右脚	5	41.427	24.813	0.000
左脚	5	22.576	23.962	0.000

（2）聚类分析

为探究垂向激励对人体各部位的影响是否相同，对人体不同部位的加速度数据进行了层次聚类，根据轮廓系数与肘部法则确定最佳簇数为 5 类，其中头部、右大臂、左大臂、右小臂、左小臂为一类，右肩、左肩为一类，左大腿、右大腿为一类，颈部、胸部、盆骨为一类，左小腿、右小腿、左脚、右脚为一类，图 2-6 所示的环形树状图展示了具体的聚类结果，其中纵轴为合并高度。

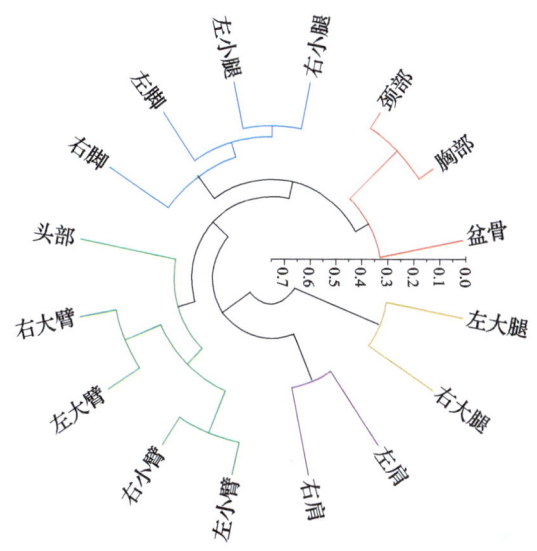

图 2-6　人体不同部位聚类环形树状图

为进一步比较不同人体部位受垂向激励影响的差异性，本研究用多维度可视化的方法对垂向激励下人体各部位加速度响应特征进行对比分析。构建了分别以 $\ddot{z}_{max\,d}$、$\ddot{z}_{max\,u}$ 与 VDV 为横（X）、纵（Y）、垂（Z）坐标的三维空间分布，绘制了人体各部位的激励响应散点图，如图 2-7 所示。分别用红色、绿色、黄色、蓝色、紫色散点表示上述 5 类分类结果，并用灰色散点绘制了各点在 $X-Y$、$X-Z$、$Y-Z$ 三个平面上的投影。

从三维空间分布特征可见，红色与绿色散点集中于原点附近，其次为黄色散点，蓝色与紫色散点则距离原点较远。表明头部、右大臂、左大臂、右小臂、左小臂与颈部、胸部、盆骨各项加速度响应最小，其次为右肩、左肩处，左大腿、右大腿与左小腿、右小腿、左脚、右脚各项加速度响应最大。

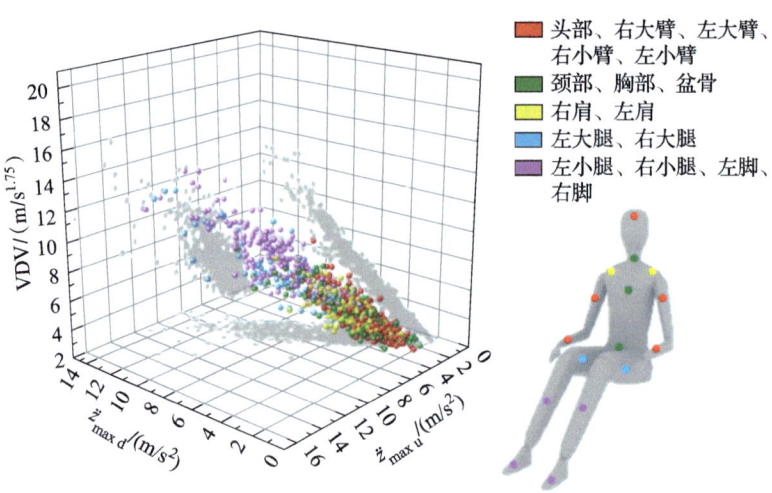

图 2-7 人体各部位激励响应散点图

(3) 回归分析

为避免变量冗余，对自变量进行了化简。通过配对样本 T 检验，发现各部位（肩部、大臂、小臂、大腿、小腿、脚部）左右两侧的 VDV、$\ddot{Z}_{\max u}$ 与 $\ddot{Z}_{\max d}$ 均无显著差异（$p > 0.05^*$），故取身体左右两侧均值作为代表值。依据 GB/T 4970—2009《汽车平顺性试验方法》，将最大加速度响应统一为 $\ddot{Z}_{\max u}$ 与 $\ddot{Z}_{\max d}$ 中的较大值，记作 $|\ddot{Z}_{\max}|$：

$$|\ddot{Z}_{\max}| = \max(\ddot{Z}_{\max u}, \ddot{Z}_{\max d}) \tag{2-7}$$

最终化简得到 $VDV_{头部}$、$VDV_{颈部}$、$VDV_{肩部}$、$VDV_{胸部}$、$VDV_{盆骨}$、$VDV_{小臂}$、$VDV_{大臂}$、$VDV_{大腿}$、$VDV_{小腿}$、$VDV_{脚部}$、$|\ddot{Z}_{\max}|_{头部}$、$|\ddot{Z}_{\max}|_{颈部}$、$|\ddot{Z}_{\max}|_{肩部}$、$|\ddot{Z}_{\max}|_{胸部}$、$|\ddot{Z}_{\max}|_{盆骨}$、$|\ddot{Z}_{\max}|_{小臂}$、$|\ddot{Z}_{\max}|_{大臂}$、$|\ddot{Z}_{\max}|_{大腿}$、$|\ddot{Z}_{\max}|_{小腿}$、$|\ddot{Z}_{\max}|_{脚部}$ 共 20 个候选自变量。

为避免因变量过拟合或共线性问题，采用逐步回归分析从多个自变量中筛选出对主观舒适性评分具有显著解释力的核心变量。首先对上述候选自变量进行了 Z-score 标准化，以确保系数的可比性，然后设置变量筛选的显著性阈值，变量引入条件为 $p < 0.05$，排除条件为 $p > 0.1$。经过 4 次迭代，模型最终保留 4 个显著变量，见表 2-10。

表 2-10　回归模型系数

系数	未标准化系数 β	标准化系数 β	t	显著性（p）
常量	-2.626	—	-3.908	0.000
$|\ddot{Z}_{max}|_{脚部}$	0.169	0.343	2.819	0.007
$VDV_{盆骨}$	0.394	0.300	3.086	0.004
$VDV_{大腿}$	0.127	0.283	2.495	0.017
$VDV_{肩部}$	0.229	0.216	2.290	0.027

最终得到车辆垂向激励下的乘坐舒适性评价模型：

$$\text{Score} = \beta_0 + \beta_1 |\ddot{Z}_{max}|_{脚部} + \beta_2 VDV_{盆骨} + \beta_3 VDV_{大腿} + \beta_4 VDV_{肩部} \quad (2-8)$$

该模型反映了 $|\ddot{Z}_{max}|_{脚部}$（$\beta_1 = 0.169$）、$VDV_{盆骨}$（$\beta_2 = 0.394$）、$VDV_{大腿}$（$\beta_3 = 0.127$）、$VDV_{肩部}$（$\beta_4 = 0.229$）对垂向激励下乘坐舒适性的影响。该模型决定系数 $R^2 = 0.684$，调整后 $R^2 = 0.653$，模型整体显著性 $F(4, 7.579) = 21.660$，$p = 0.000 < 0.001$，具有较强的解释性，且标准化残差近似服从正态分布，如图 2-8 所示。

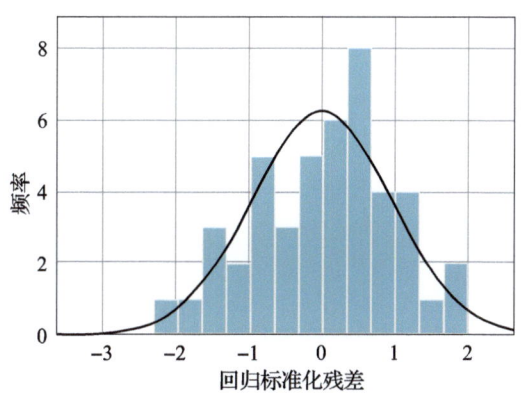

图 2-8　标准化残差正态分布图

2.5.3　结果讨论

（1）方差分析

随着过带车速由 10km/h 增加至 60km/h，受试者身体各部位 VDV、$\ddot{Z}_{max\,u}$ 与 $\ddot{Z}_{max\,d}$ 值均呈现先增大后减小的趋势，峰值出现在 20~40km/h 车速区间。本研究中受试者身体各部位 VDV、$\ddot{Z}_{max\,u}$ 与 $\ddot{Z}_{max\,d}$ 值随着车速的增加先增大后减小，这一现象可通过以下机制解释：

1）激励的叠加效应。低速过带时，车辆前轮与后轮依次通过减速带，人体受到两次垂向激励。随着车速的增加，两次垂向激励间的时间间隔不断缩短，到达一定车速后产生重叠，激励作用时间 T 减小。

2）车辆的动力学特性。随着过带车速的增加，由于升力效应[80]、轮胎动载荷波动[81]等因素导致轮胎与路面的接触力减小，进而导致车辆受到的垂向振动激励减小，人体加速度响应随之减弱。

ANOVA 结果显示，四肢与盆骨处的 VDV、$\ddot{Z}_{max\ d}$ 受过带车速影响显著，其中下肢的显著性较高（$p \approx 0.000$）；除肩部外的四肢与躯干处的 $\ddot{Z}_{max\ u}$ 受过带车速影响显著，其中下肢与躯干处的显著性较高（$p \approx 0.000$）。同时，配对样本 T 检验的结果表明，人体各部位向下的瞬时加速度响应要大于向上的瞬时加速度响应，向下的瞬时加速度更大的本质原因可能在于，悬架压缩阶段的阻尼通常大于回弹阶段，并且存在乘员自身重力加速度的叠加效应。

（2）聚类分析

聚类分析将人体 16 个部位分为 5 类，同一类的身体各部位具有相似的加速度响应特性。第一类为头部、右大臂、左大臂、右小臂、左小臂，对应人体头部与上肢，与车辆无直接接触；第二类为右肩、左肩，与座椅靠背直接接触；第三类为左大腿、右大腿，与座椅支撑面直接接触；第四类为颈部、胸部、盆骨，对应人体的主要躯干部位，受座椅-腿部接触面与座椅-靠背接触面两处振动输入影响；第五类为左小腿、右小腿、左脚、右脚，对应人体下肢下部，与车辆地板表面直接接触。

由人体各部位的激励响应散点图可以看出头部、右大臂、左大臂、右小臂、左小臂与颈部、胸部、盆骨各项加速度响应最小，其次为右肩、左肩处，左大腿、右大腿与左小腿、右小腿、左脚、右脚各项加速度响应最大。结合聚类分析结果，可以发现，在垂向工况下，人体对由脚接触面与座椅-腿部接触面输入的车辆运动激励最为敏感，其次为座椅-靠背接触面，随着激励信号由各接触面向人体上方传递，各部位的加速度响应逐渐减小。该结论与振动信号在人体内部的传递方面的研究结论一致[18]，振动信号传入后，经过下肢关节和脊柱的缓冲，到达头部时显著衰减。

（3）回归分析

通过逐步回归分析，从 20 个初始自变量中筛选出 4 个对主观舒适性评分具

有显著解释力的核心变量（$|\ddot{Z}_{max}|_{脚部}$、$VDV_{盆骨}$、$VDV_{大腿}$、$VDV_{肩部}$），模型决定系数$R^2=0.684$，调整后$R^2=0.653$，表明该模型具有较好的解释力。

标准化系数分析显示，脚部加速度瞬时最大值$|\ddot{Z}_{max}|_{脚部}$对舒适性的影响最大，其次依次为$VDV_{盆骨}$、$VDV_{大腿}$、$VDV_{肩部}$，与聚类分析的结果具有一致性，这一排序表明由地板表面输入至脚部的瞬时冲击是影响乘坐舒适性的核心因素，而由座椅-腿部与座椅-靠背接触面输入至人体的振动作用更多体现为长期暴露下的累积作用，依据此结果提出车辆垂向激励工况下的舒适性优化策略如下：

1）降低地板处的瞬态冲击。优化底盘悬架系统性能，通过调整减振器阻尼曲线、开发路面预识别系统，实现主动悬架前馈控制等方法，降低脚部加速度响应峰值。

2）优化座椅系统的振动传递。例如优化座椅悬架系统性能、采用分区刚度设计，调节盆骨、肩部等部位泡沫材料等，降低盆骨、大腿、肩膀处的VDV值。

3）控制在通过减速带时的过带车速。尽量避免在20~40km/h车速下通过减速带，即避开身体加速度响应较大的车速区间，以减弱垂向激励造成的不舒适感；兼顾过带安全性，应尽量保证过带车速在20km/h以下。

2.6 结论及展望

自动驾驶汽车乘坐舒适性是一个多维度的复杂问题，不仅涉及乘员的生理反应，如眩晕、焦虑、肌肉疼痛等，也涉及乘员的心理感受，如安全感、放松感等，这些生理和心理舒适性受到多种因素的影响，对于自动驾驶，汽车的运动参数设计、自动驾驶系统的运行特性以及人机控制权切换的汽车稳定性等均会对乘员的乘坐舒适性产生一定影响。本章将自动驾驶汽车的舒适性量化指标分为四类，分别为主观量化指标、基于汽车参数的量化指标、基于生理信号的量化指标以及基于乘员行为的量化指标，并对每种指标的应用及优、缺点进行了详细梳理。之后对乘坐舒适性的评价模型进行了分类总结，分别为心理物理学模型、生物力学模型、统计学模型及基于学习的评价模型。接下来分析了垂向瞬时振动激励下的人体加速度响应特性，并构建了垂向瞬时振动激励下基于人体加速度响应的车辆乘坐舒适性评价模型。通过多维度人体加速度数据构建了客观评价模型，为车辆悬架设计、座椅优化及车速控制提供了基本参考。

参考文献

[1] DICHABENG P, MERAT N, MARKKULA G. Factors that influence the acceptance of future shared automated vehicles-A focus group study with United Kingdom drivers[J]. Transportation Research Part F: Traffic Psychology and Behaviour, 2021, 82: 121 – 140.

[2] DELMAS M, CAMPS V, LEMERCIER C. Effects of environmental, vehicle and human factors on comfort in partially automated driving: A scenario-based study[J]. Transportation Research Part F: Traffic Psychology and Behaviour, 2022, 86: 392 – 401.

[3] HOLTHAUSEN B E, WINTERSBERGER P, WALKER B N, et al. Situational trust scale for automated driving (STS-AD): Development and initial validation[C]//12th International Conference on Automotive User Interfaces and Interactive Vehicular Applications. [S. l. : s. n.], 2020: 40 – 47.

[4] MARJANEN Y, MANSFIELD N J. Relative contribution of translational and rotational vibration to discomfort[J]. Industrial Health, 2010, 48(5): 519 – 529.

[5] LI Z, FU R, WANG C, et al. Effects of linear acceleration on passenger comfort during physical driving on an urban road[J]. International Journal of Civil Engineering, 2020, 18: 1 – 8.

[6] ZONG C, GUO K, GUAN H. Research on closed-loop comprehensive evaluation method of vehicle handling and stability[R]. SAE Technical Paper, 2000.

[7] JAUME R, PERELLO-MARCH, et al. Using fNIRS to verify trust in highly automated driving[J]. IEEE Transactions on Intelligent Transportation Systems, 2023, 24(1): 739 – 751.

[8] HU H, ZHANG G, CHENG M, et al. Biosignal-based driving experience analysis between automated mode and manual mode[R]. SAE Technical Paper, 2024.

[9] SLATER K. Discussion paper the assessment of comfort[J]. Journal of the Textile Institute, 1986, 77(3): 157 – 171.

[10] RICHARDS L G, JACOBSON I R A D, BARBER R W, et al. Comfort reactions to bus motion on curved roadways[J]. Ergonomics, 1979, 22(5): 517 – 519.

[11] DE LOOZE M P, KUIJT-EVERS L F M, VAN DIEEN J. Sitting comfort and discomfort and the relationships with objective measures[J]. Ergonomics, 2003, 46(10): 985 – 997.

[12] CARSTEN O, MARTENS M H. How can humans understand their automated cars? HMI principles, problems and solutions[J]. Cognition, Technology & Work, 2019, 21(1): 3 – 20.

[13] HARTWICH F, BEGGIATO M, KREMS J F. Driving comfort, enjoyment and acceptance of automated driving-effects of drivers' age and driving style familiarity[J]. Ergonomics, 2018, 61(8): 1017 – 1032.

[14] PENG C, HORN S, MADIGAN R, et al. Conceptualising user comfort in automated driving: Findings from an expert group workshop[J]. Transportation Research Interdisciplinary Perspectives, 2024, 24: 101070.

[15] ISO. Intelligent transport systems—Full speed range adaptive cruise control (FSRA) systems—Performance requirements and test procedures: ISO 15622: 2018[S]. Geneva: ISO, 2018.

[16] GOLD C, HAPPEE R, BENGLER K. Modeling take-over performance in level 3 conditionally automated vehicles[J]. Accident Analysis & Prevention, 2018, 116: 3 – 13.

[17] LIANG N, YANG J, YU D, et al. Using eye-tracking to investigate the effects of pre-takeover visual engagement on situation awareness during automated driving[J]. Accident Analysis & Prevention, 2021, 157: 106143.

[18] ELBANHAWI M, SIMIC M, JAZAR R. In the passenger seat: Investigating ride comfort measures in autonomous cars[J]. IEEE Intelligent Transportation Systems Magazine, 2015, 7(3): 4-17.

[19] PENG C, MERAT N, ROMANO R, et al. Drivers' evaluation of different automated driving styles: Is it both comfortable and natural?[J]. Human Factors, 2022: 00187208221113448.

[20] DETTMANN A, HARTWICH F, ROßNER P, et al. Comfort or not? Automated driving style and user characteristics causing human discomfort in automated driving[J]. International Journal of Human-Computer Interaction, 2021, 37(4): 331-339.

[21] PADDEU D, PARKHURST G, SHERGOLD I. Passenger comfort and trust on first-time use of a shared autonomous shuttle vehicle[J]. Transportation Research Part C: Emerging Technologies, 2020, 115: 102604.

[22] SAE. Subjective rating scale for evaluation of noise and ride comfort characteristics related to motor vehicle tires: SAE J1060[S]. Warrendale: SAE, 2014.

[23] 亓莱滨. 李克特量表的统计学分析与模糊综合评判[J]. 山东科学, 2006, 19(2): 18-23+28.

[24] 兰凤崇, 李诗成, 陈吉清, 等. 自动驾驶汽车乘员个性化乘坐舒适性辨识方法[J]. 汽车工程, 2021, 43(8): 1168-1176.

[25] FRASIE A, BERTRAND-CHARETTE M, COMPAGNAT M, et al. Validation of the Borg CR10 Scale for the evaluation of shoulder perceived fatigue during work-related tasks[J]. Applied Ergonomics, 2024, 116: 104200.

[26] PENG C, ÖZTÜRKİ, NORDHOFF S, et al. Exploring user comfort in automated driving: A qualitative study with younger and older users using the Wizard-Of-Oz method[C]//Adjunct Proceedings of the 15th International Conference on Automotive User Interfaces and Interactive Vehicular Applications. [s.l.: s.n.]2023: 342-345.

[27] ISO. Mechanical vibration and shock—Evaluation of human exposure to whole-body vibration—Part 1: General requirements: ISO 2631-1: 2009[S]. Geneva: ISO, 2009.

[28] 全国汽车标准化技术委员会. 汽车平顺性试验方法: GB/T 4970—2009[S]. 北京: 中国标准出版社, 2010.

[29] BAE I, MOON J, JHUNG J, et al. Self-driving like a human driver instead of a robocar: Personalized comfortable driving experience for autonomous vehicles[J]. arXiv preprint arXiv: 2001.03908, 2020.

[30] TAN Z, WEI J, DAI N. Real-time dynamic trajectory planning for intelligent vehicles based on quintic polynomial[C]//2022 IEEE 21st International Conference on Ubiquitous Computing and Communications (IUCC/CIT/DSCI/SmartCNS). New York: IEEE, 2022: 51-56.

[31] DU X, TAN KK. Autonomous vehicle velocity and steering control through nonlinear model predictive control scheme[C]//2016 IEEE Transportation Electrification Conference and Expo, Asia-Pacific (ITEC Asia-Pacific). New York: IEEE, 2016: 7513089.

[32] YUSOF N M, KARJANTO J, TERKEN J, et al. The exploration of autonomous vehicle driving styles: Preferred longitudinal, lateral, and vertical accelerations[C]//Proceedings of the 8th International Conference on Automotive User Interfaces and Interactive Vehicular Applications. [s.l.: s.n.], 2016: 245-252.

[33] XU J, YANG K, SHAO Y M, et al. An experimental study on lateral acceleration of cars in different environments in Sichuan, Southwest China[J]. Discrete Dynamics in Nature and Society, 2015, 2015(1): 494130.

[34] ALBERTO R, TIWANA V, SERGIO I, et al. Surface electromyography for risk assessment in work activities designed using the "revised NIOSH lifting equation"[J]. International Journal of Industrial

Ergonomics, 2018, 68: 34 – 45.

[35] STAPEL J, GENTNER A, HAPPEE R. On-road trust and perceived risk in level 2 automation[J]. Transportation Research Part F: Traffic Psychology and Behaviour, 2022, 89: 355 – 370.

[36] YANG Z, FU W H, ZHANG Z, et al. Comfort optimization of adaptive cruise control based on heart rate variability and fuzzy control[C]//Journal of Physics: Conference Series. London: IOP Publishing, 2021, 2010(1): 012176.

[37] BEGGIATO M, HARTWICH F, KREMS J. Physiological correlates of discomfort in automated driving [J]. Transportation Research Part F: Traffic Psychology and Behaviour, 2019, 66: 445 – 458.

[38] ZHENG R, NAKANO K, OKAMOTO Y, et al. Evaluation of sternocleidomastoid muscle activity of a passenger in response to a car's lateral acceleration while slalom driving[J]. IEEE Transactions on Human-Machine Systems, 2013, 43(4): 405 – 415.

[39] ZHENG R, YAMABE S, NAKANO K, et al. Biosignal analysis to assess mental stress in automatic driving of trucks: Palmar perspiration and masseter electromyography[J]. Sensors, 2015, 15(3): 5136 – 5150.

[40] KIA K, JOHNSON P W, KIM J H. The effects of different seat suspension types on occupants' physiologic responses and task performance: Implications for autonomous and conventional vehicles [J]. Applied Ergonomics, 2021, 93: 103380.

[41] CHUANG S W, CHUANG C H, YU Y H, et al. EEG alpha and gamma modulators mediate motion sickness-related spectral responses[J]. International Journal of Neural Systems, 2016, 26 (2): 1650007.

[42] TEWARI V K, PRASAD N. Optimum seat pan and back-rest parameters for a comfortable tractor seat [J]. Ergonomics, 2000, 43 (2): 167 – 186.

[43] NORO K, NARUSE T, LUEDER R, et al. Application of Zen sitting principles to microscopic surgery seating[J]. Appl Ergon, 2012, 43 (2): 308 – 319.

[44] ZHANG T, REN J. Research on seat static comfort evaluation based on objective interface pressure[J]. SAE International Journal of Commercial Vehicles, 2023. DOI: 10.4271/02 – 16 – 04 – 0023.

[45] 高开展, 罗巧, 张志飞, 等. 基于体压分布的汽车座椅振动舒适性评价[J]. 汽车工程, 2022, 44(12): 1936 – 1943.

[46] 韩俊杰, 骆开庆, 邱健, 等. 基于双目相机的眼动仪头部姿态估计方法[J]. 激光与光电子学进展, 2021, 58(14): 310 – 317.

[47] BUBB H, ESTERMANN S. Influence of forces on comfort feeling in vehicles[R]. SAE Technical Paper, 2000.

[48] ZACHER I, BUBB H. Strength based discomfort model of posture and movement[J]. SAE Transactions, 2004. DOI: 10.4271/2004 – 01 – 2139.

[49] PORTER J M, GYI D E. Exploring the optimum posture for driver comfort[J]. International Journal of Vehicle Design, 1998, 19(3): 255 – 266.

[50] WOLF P, HENNES N, RAUSCH J, et al. The effects of stature, age, gender, and posture preferences on preferred joint angles after real driving[J]. Applied Ergonomics, 2022, 100: 103671.

[51] SOARES G, DE LIMA D, NETO A M. A mobile application for driver's drowsiness monitoring based on PERCLOS estimation[J]. IEEE Latin America Transactions, 2019, 17(2): 193 – 202.

[52] BERSENEV E Y, DUBININ V I, ERMAKOV V M, et al. Investigation of the psychophysiological response of passengers of fast trains with the different comfort level[J]. Hygiene and Sanitation, 2021, 100(4): 318 – 326.

[53] GARCÍA-HERRERO S, GUTIÉRREZ J M, HERRERA S, et al. Sensitivity analysis of driver's behavior and psychophysical conditions[J]. Safety Science, 2020, 125: 104586.

[54] GORELIK S, GRUDININ V, LECSHINSKIY V, et al. Method for assessing the influence of psychophysical state of drivers on control safety based on monitoring of vehicle movement parameters [J]. Transportation Research Procedia, 2020, 50: 152 – 159.

[55] THOMAS B J, HEIDEN S, DYSON K, et al. The psychophysics of affordance perception: Stevens' power law scaling of perceived maximum forward reachability with an object [J]. Attention, Perception, & Psychophysics, 2023, 85(8): 2869 – 2878.

[56] AO D, WONG P K, HUANG W, et al. Analysis of co-relation between objective measurement and subjective assessment for dynamic comfort of vehicles [J]. International Journal of Automotive Technology, 2020, 21: 1553 – 1567.

[57] 郭子彬, 陈慧, 夏韬锴, 等. 弯道工况下驾驶员主观风险感知的量化研究[J]. 汽车工程, 2022, 44(9): 1447 – 1455.

[58] 唐传茵, 张义民, 赵广耀, 等. 基于烦恼率的悬架振动舒适性评价方法[J]. 机械工程学报, 2014, 50(5): 209.

[59] ONG R C, GUO L X. Human body modeling method to simulate the biodynamic characteristics of spine in vivo with different sitting postures [J]. International Journal for Numerical Methods in Biomedical Engineering, 2017, 33(11): e2876.

[60] PANKOKE S, BUCK B, WOELFEL H P. Dynamic FE model of sitting man adjustable to body height, body mass and posture used for calculating internal forces in the lumbar vertebral disks[J]. Journal of Sound and Vibration, 1998, 215(4): 827 – 839.

[61] AMIRI S, NASERKHAKI S, PARNIANPOUR M. Effect of whole-body vibration and sitting configurations on lumbar spinal loads of vehicle occupants[J]. Computers in Biology and Medicine, 2019, 107: 292 – 301.

[62] GUO L X, DONG R C, ZHANG M. Effect of lumbar support on seating comfort predicted by a whole human body-seat model[J]. International Journal of Industrial Ergonomics, 2016, 53: 319 – 327.

[63] LIU C, QIU Y, GRIFFIN M J. Finite element modelling of human-seat interactions: Vertical in-line and fore-and-aft cross-axis apparent mass when sitting on a rigid seat without backrest and exposed to vertical vibration[J]. Ergonomics, 2015, 58(7): 1207 – 1219.

[64] MATSUMOTO Y, GRIFFIN M J. Modelling the dynamic mechanisms associated with the principal resonance of the seated human body[J]. Clinical Biomechanics, 2001, 16: S31 – S44.

[65] KIM T H, KIM Y T, YOON Y S. Development of a biomechanical model of the human body in a sitting posture with vibration transmissibility in the vertical direction[J]. International Journal of Industrial Ergonomics, 2005, 35(9): 817 – 829.

[66] LIANG C C, CHIANG C F. Modeling of a seated human body exposed to vertical vibrations in various automotive postures[J]. Industrial Health, 2008, 46(2): 125 – 137.

[67] GRUJICIC M, PANDURANGAN B, XIE X, et al. Musculoskeletal computational analysis of the influence of car-seat design/adjustments on long-distance driving fatigue[J]. International Journal of Industrial Ergonomics, 2010, 40(3): 345 – 355.

[68] DU X, SUN C, ZHENG Y, et al. Evaluation of vehicle vibration comfort using deep learning[J]. Measurement, 2021, 173: 108634.

[69] ZHANG H, FU R. An ensemble learning-online semi-supervised approach for vehicle behavior recognition[J]. IEEE Transactions on Intelligent Transportation Systems, 2021, 23(8): 10610 – 10626.

[70] ZHANG H, GUO Y, WANG C, et al. Stacking-based ensemble learning method for the recognition of the preceding vehicle lane-changing manoeuvre: A naturalistic driving study on the highway[J]. IET Intelligent Transport Systems, 2022, 16(4): 489–503.

[71] HUANG F, ZHAO C, HUANG Y, et al. Study on the evaluation model of vehicle comfort based on the neural network[J]. IFAC-Papers On Line, 2018, 51(31): 553–558.

[72] NGUYEN T, NGUYEN-PHUOC D Q, WONG Y D. Developing artificial neural networks to estimate real-time onboard bus ride comfort[J]. Neural Computing and Applications, 2021, 33(10): 5287–5299.

[73] TAGHAVIFAR H, RAKHEJA S. Supervised ANN-assisted modeling of seated body apparent mass under vertical whole body vibration[J]. Measurement, 2018, 127: 78–88.

[74] MOU L, ZHOU C, ZHAO P, et al. Driver stress detection via multimodal fusion using attention-based CNN-LSTM[J]. Expert Systems with Applications, 2021, 173: 114693.

[75] LIU H, HUANG W. The research of drivability evaluation index and quantitative method[J]. SAE Technical Paper, 2016(12): 665–670.

[76] DICHABENG P, MERAT N, MARKKULA G. Factors that influence the acceptance of future shared automated vehicles-A focus group study with United Kingdom drivers[J]. Transportation Research Part F: Traffic Psychology and Behaviour, 2021, 82: 121–140.

[77] MARJANEN Y, MANSFIELD N J. Relative contribution of translational and rotational vibration to discomfort[J]. Industrial Health, 2010, 48(5): 519–529.

[78] DEUBEL C, ERNST S, PROKOP G. Objective evaluation methods of vehicle ride comfort—A literature review[J]. Journal of Sound and Vibration, 2023, 548: 117515.

[79] BORG G A. Psychophysical bases of perceived exertion[J]. Medicine and Science in Sports and Exercise, 1982, 14(5): 337–381.

[80] 谷正气. 汽车空气动力学[M]. 北京: 人民交通出版社, 2005.

[81] BUHARI R, ABDULLAH M E, ROHANI M M. Predicting truck load variation using Q-truck model [J]. Applied Mechanics and Materials, 2014, 534: 105–110.

第 3 章
基于生理信息的驾驶疲劳分析

3.1 引言

疲劳驾驶是导致交通事故的一个主要原因。研究表明，由疲劳驾驶导致的交通事故占所有交通事故的 16%，占高速公路事故的 20% 以上[1]。驾驶员疲劳识别仍是未来智能交通系统的一大挑战，开发能够实时监测驾驶员状态并在必要时进行预警的系统对于预防交通事故具有重要意义[2]。

驾驶疲劳是指机动车驾驶员在驾驶车辆时，由于驾驶作业产生的生理和心理上的疲劳以及客观上出现驾驶低能的现象[3]。针对驾驶疲劳的研究经历了工业心理学、人类工效学、交通心理学和人因工程学四个阶段[4]。Desmond 和 Hancock 将驾驶疲劳分为主动疲劳和被动疲劳[5]。在监控任务中，由于任务要求长时间的知觉活动协调参与而造成的疲劳称为主动疲劳；由于任务要求很少的知觉活动参与及长时间的单调反应所造成的疲劳称为被动疲劳。主动疲劳是由睡眠不足或主观努力所导致的，因此主动疲劳与高认知负荷相关。被动疲劳则是由作业环节单调乏味、缺乏刺激或激励而引起的，因此与低认知负荷相关[5]。两种疲劳在生理、心理和驾驶绩效方面的表现完全不同，因此，主动疲劳和被动疲劳的划分，对于驾驶疲劳研究的意义重大。

驾驶员疲劳的高峰期在上午 6 时、下午 2 时和晚上 10 时左右，驾驶员疲劳时，生理功能下降，影响视听、呼吸和循环系统，导致头脑昏沉、困倦、闭眼时间延长，甚至打瞌睡。随着疲劳程度加深，驾驶员可能出现一系列心理失衡，包括感知水平下降、注意力不集中、记忆错误、思维混乱、警惕性降低、反应时间延长和信息处理能力减弱，增加错误判断的可能性。与此同时，驾驶操作的动作准确性下降，协调性受到破坏，自动化程度降低，以致出现操作无力,转换方向、换档等操作不灵活,动作不协调,对加速踏板和制动踏板操作不平稳的次数显著增多[6],从而增加了交通事故的发生概率。因此准确检测驾驶员的疲劳程度对预防道路交通事故具有重要意义。

驾驶疲劳的检测最早可追溯至1935年,当时主要依靠医疗器械从医学角度进行,但方法简单、准确性较差。直至20世纪80年代,美国国会批准了研究交通安全与商业机动车驾驶关系的请求后,才有了实质性的研究。20世纪90年代,多国开始研发驾驶疲劳车载电子测量装置,推动了驾驶疲劳检测方法的进一步发展。目前被学术界广泛认可的驾驶疲劳检测指标主要分为三类。第一类是驾驶员的生理指标,主要包括脑电(EEG)、心电(ECG)和心率(HR)。EEG是驾驶疲劳检测的可靠标准,此前大量的研究表明,EEG中的α波、β波、δ波和θ波与驾驶员疲劳状态密切相关,可以有效预测长时间的驾驶任务要求所导致的绩效下降。ECG来自于心脏搏动在体表形成的电位变化,目前学术界大部分心电信号分析均以R波分析为主。HR直接由自主神经系统调节,主要采用最大心率(MHR)和心率变异性(HRV)来综合反映生理疲劳和心理疲劳的程度[7-10]。第二类是驾驶员的行为指标。通常采用眼睑闭合时间、眨眼、打哈欠、头部姿势、眼睑运动、嘴巴张开程度、表情等面部特征来检测驾驶员的疲劳状态[11-15]。第三类是车辆的运行参数指标。当驾驶员在疲劳状态下行驶时,可以观察到车辆在车道中的位置和车轮转角会发生一些异常变化,这些变化可用于检测驾驶员的疲劳程度[16-20]。

目前疲劳驾驶检测方法主要包括主观评估报告法和机器学习建模法。主观评估报告分为主观自评法和主观他评法。主观自评法指被试者在驾驶前、中、后分别叙述自我的感觉,并使用疲劳量表调查其疲劳程度。主观他评法则是专家通过驾驶员的行为特征评估其疲劳程度。主观评估报告法具有操作简单、经济实惠、驾驶员易于接纳的优势,但该方法易受被试者记忆能力、理解能力、个性差异以及专家评价标准差异的影响,因此可靠性不高,一般作为辅助测量方法[4]。

利用机器学习构建融合多种疲劳特征的驾驶状态识别算法是最常用的疲劳驾驶检测方法。该方法有效地解决了单一特征造成的误分类问题,但需要大量样本进行训练,且无法反映个体之间的差异。未来的研究应以统计学方法为主,这类方法不需要大量数据,更适合实际应用。

3.2 基于心电 R‑R 间期的驾驶疲劳识别及预测

心电（ECG）被认为是一种重要且可靠的疲劳检测指标，但现有文献中多使用 ECG 信号指标 MHR，缺乏针对 R‑R 间期与驾驶疲劳之间关系的研究。本节开发一种 AR‑GARCH 模型来描述心电信号的 R‑R 间期序列，在此基础上建立基于心电 R‑R 间期的驾驶疲劳识别模型。

3.2.1 驾驶疲劳识别模型的建立

驾驶疲劳识别模型的建立过程包括以下四个步骤：

步骤1：AR‑GARCH 模型建立。

步骤2：AR(1)‑GARCH(1,1) 模型建立。

步骤3：AR(1)‑GARCH(1,1) 模型的自回归条件异方差（ARCH）效应检验。

步骤4：驾驶疲劳状态识别。

1. AR‑GARCH 模型建立

随机波动时间序列通常分为两部分：一部分是包含确定性信息的时间序列，另一部分是围绕确定性信息的随机波动。随机波动构成的时间序列称为结构残差序列，简称残差序列。残差序列的波动通常用来描述时间序列的集群效应，即在消除某些确定性非平稳因素的影响后，大部分时间序列处于平稳状态，但某些时段波动偏大或偏小。对于通过平稳性检验和 ARCH 效应检验的时间序列，优先考虑使用 ARCH 模型进行拟合。ARCH 模型考虑了历史波动信息，并使用自回归形式来描述波动引起的变化[21]。对于一个历史信息和相应的条件方差随时间变化的时间序列，ARCH 模型可以很好地描述条件方差，而且能够反映序列的实时波动情况。ARCH 模型的结构如下：

$$\begin{cases} x_t = f(t, x_{t-1}, x_{t-2}, \cdots) + u_t \\ u_t = z_t \sqrt{h_t} \\ h_t = w + \sum_{j=1}^{q} \lambda_j u_{t-j}^2 \end{cases} \quad (3-1)$$

式中，$f(t, x_{t-1}, x_{t-2}, \cdots)$ 为 $\{x_t\}$ 的确定性信息拟合模型；t 为时间点的数量；

u_t 为 R-R 间期序列的条件均值；z_t 为归一化残差序列，服从标准正态分布 $N(0,1)$；h_t 为残差序列的条件方差；λ_j 和 w 是参数；q 为移动平均线顺序。

ARCH 模型只适用于具有短期自回归过程的时间序列，而不适用于具有长期自回归过程的 R-R 间期序列。由于人的生理特性，R-R 间期的异方差函数（或条件方差函数 CVF）具有长时记忆特性，因此提出一种广义的 ARCH 模型用于对残差 R-R 间期序列建模。GARCH 采用基于 ARCH 模型的 CVF 的 p 阶自回归过程，适合拟合具有长时记忆的 CVF。GARCH 模型公式如下：

$$\begin{cases} x_t = f(t, x_{t-1}, x_{t-2}, \cdots) + u_t \\ u_t = z_t \sqrt{h_t} \\ h_t = w + \sum_{j=1}^{q} \lambda_j u_{t-j}^2 + \sum_{i=1}^{p} \eta_i h_{t-i} \end{cases} \quad (3-2)$$

式中，λ_j 和 η_i 为参数。

当使用 GARCH 模型拟合残差序列 $\{u_t\}$ 时，$\{u_t\}$ 均值必须为零，并且为一个纯随机异方差数列。有时，回归函数 $f(t, x_{t-1}, x_{t-2}, \cdots)$ 不能完全从原始序列中提取相关信息，$\{u_t\}$ 很可能是自相关的，而不是纯粹的随机序列。在这种情况下，需要一个自回归模型进行拟合。自回归模型通常简称为 AR 模型，用于描述序列中前后的相关性，且 $AR(m)$ 表示 m 阶自回归模型。对于 R-R 间期序列，由于驾驶员的生理特性，存在自相关性。此外，残差 R-R 序列也存在自相关性，即当前波动受到过去波动的影响。残差序列的 $AR(m)$ 模型如下：

$$u_t = \sum_{k=1}^{m} \rho_k u_{t-k} + e_t \quad (3-3)$$

式中，e_t 为自回归残差数列；ρ_k 为参数；m 为阶数。

由于 R-R 间期残差序列存在 ARCH 效应，u_t 和 e_t 的方差都是非齐次的。因此，拟合 e_t 的 GARCH 模型为

$$\begin{cases} e_t = z_t \sqrt{h_t} \\ h_t = w + \sum_{j=1}^{q} \lambda_j e_{t-j}^2 + \sum_{i=1}^{p} \eta_i h_{t-i} \end{cases} \quad (3-4)$$

总体而言，R-R 间期序列建立的 $AR(m)$-$GARCH(p,q)$ 模型为

$$\begin{cases} x_t = f(t, x_{t-1}, x_{t-2}, \cdots) + u_t \\ u_t = \sum_{k=1}^{m} \rho_k u_{t-k} + e_t \\ e_t = z_t \sqrt{h_t} \\ h_t = w + \sum_{j=1}^{q} \lambda_j e_{t-j}^2 + \sum_{i=1}^{p} \eta_i h_{t-i} \end{cases} \quad (3-5)$$

式中，m 为残差序列的自回归阶数；q 为残差平方序列的移动平均阶数；p 为异方差函数的自回归阶数。m、q 和 p 的值越大，模型就越复杂，计算也越耗时。由于一阶模型形式简单，计算速度快，因此在建立模型时选择一阶模型，即 AR(1) - GARCH(1, 1) 模型。

2. AR（1）-GARCH（1, 1）模型建立

在理想路况下，R-R 间期序列在一个固定值附近波动，这个固定值可以看作确定性信息，也就是 R-R 间期的平均值。因此可以采用式（3-6）描述 R-R 间期序列 x_t。

$$x_t = c + u_t \quad (3-6)$$

式中，c 为 R-R 间期的平均值，且该值为残差序列。

因此，针对 R-R 间期序列建立的 AR(1) - GARCH(1, 1) 模型可表达为

$$\begin{cases} x_t = c + u_t \\ u_t = \rho u_{t-1} + e_t \\ e_t = z_t \sqrt{h_t} \\ h_t = w + \lambda e_{t-1}^2 + \eta h_{t-1} \end{cases} \quad (3-7)$$

式中，c、ρ、w、λ 和 η 为模型参数。

3. AR（1）-GARCH（1, 1）模型的 ARCH 效应检验

AR(1) - GARCH(1, 1)模型需要进行 ARCH 效应检验。由于标准残差 z_t 包含了模型的所有信息，因此若在 z_t 中不存在 ARCH 效应，则证明模型的 ARCH 效应已被消除，且模型拟合良好，具有较好的稳定性。采用拉格朗日乘子（LM）检验判断模型中是否存在 ARCH 效应。LM 检验的原理为：如果残差序列的方差是非齐次的，并且表现出波动集群效应，则残差平方序列总是具有自相关性。LM 检验的零假设是残差序列的方差是齐次的。因此，选择自回归模型

[ARCH(q)]拟合残差平方序列：

$$e_t^2 = w_0 + \sum_{j=1}^{q} \alpha_j e_{t-j}^2 + r_t \qquad (3-8)$$

式中，r_t 为自回归残差序列；w_0 和 α_j 为参数；q 为移动平均阶数。

方差齐性检验可以转化为检验式（3-8）是否显著，如果方程显著，说明残差平方序列具有自相关性，即存在 ARCH 效应，否则代表不存在 ARCH 效应。

4. 驾驶疲劳状态识别

对 AR(1)-GARCH(1,1) 模型进行求解后，条件方差 h_t 能较好地反映序列的波动情况，可用于识别驾驶状态的变化。当条件方差与平均方差之差大于平均条件标准差的 3 倍时，表明驾驶状态由警戒状态变为疲劳状态。设 v_a 为条件方差的均值，σ_0 为平均条件标准差，v_a 和 σ_0 的具体计算方法如下：

$$v_a = \frac{\sum_{t=1}^{n} h_t}{n}, \sigma_0 = \sqrt{v_a} \qquad (3-9)$$

如果 $(h_t - v_a) > 3\sigma_0$，则可以得出时间点 t 对应的 R-R 间期序列的残差序列发生了显著变化，说明驾驶员疲劳水平发生了变化。

3.2.2 实车试验设计与数据采集

在 G302 高速公路（长春—白城段）上进行实车试验，用来收集所需的驾驶员心理数据。此段高速公路是中国吉林省境内的一条双向双车道高等级公路，长约 345km，景观单调，容易使驾驶员陷入疲劳状态，适合采集所需数据。图 3-1 所示为 G302 高速公路（长春—白城段）路边景观。

图 3-1 G302 高速公路（长春—白城段）路边景观

试验选择 10 名驾驶员（5 男和 5 女），年龄在 25~45 岁之间，驾龄均为 3 年以上，试验周期为 10 天。试验采用美国 Biopac 公司的 MP100 16 生理记录仪采集驾驶员的生理指标。驾驶员于 8:00—18:00 之间的某个时间段进行试验，试验中车内调查人员保持安静。调查人员每隔 15min 询问并记录驾驶员的疲劳程度。图 3-2 所示为试验设备及心理指标曲线。

a）实车试验装置

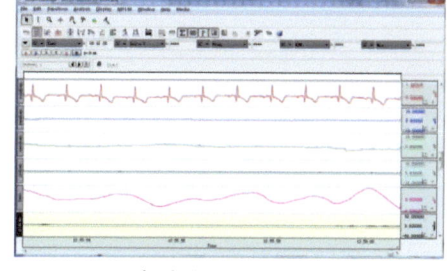
b）驾驶员生理指标变化曲线

图 3-2　试验设备及心理指标曲线

国际上流行的 KSS 和皮尔逊疲劳分级法分别将驾驶员疲劳等级划分为 7 个和 13 个等级，精确反映了疲劳状态。然而，在实车试验中，驾驶员的实际疲劳等级主要通过询问获得。如果等级划分过细，驾驶员在回答时需要仔细考虑，耗时较长，影响疲劳状态和驾驶安全性。因此，本研究只采用了四个疲劳等级：1（清醒状态）、2（轻度疲劳）、3（重度疲劳）、4（睡意状态）。清醒状态下，驾驶员反应迅速、操作能力强。随着驾驶时间的增长，疲劳逐渐加重，反应和操作能力迅速下降。在睡意状态下，驾驶员可能偶尔进入睡眠状态，无法有效操控车辆，需要在服务区休息。

3.2.3　数据分析

利用 Biopac 软件分析模块提取出驾驶员全部试验的心电 R-R 间期时间序列，并对其进行时间序列分析，驾驶员部分心电 R-R 间期数据见表 3-1。

表 3-1　部分心电 R-R 间期数据

序号	1	2	3	4	5	6	7	8	9	10
R-R 间期/s	0.68	0.676	0.672	0.676	0.68	0.684	0.683	0.683	0.685	0.693
序号	11	12	13	14	15	16	17	18	19	20
R-R 间期/s	0.694	0.693	0.689	0.69	0.691	0.691	0.684	0.679	0.68	0.681
序号	21	22	23	24	25	26	27	28	29	30
R-R 间期/s	0.678	0.676	0.676	0.679	0.682	0.684	0.683	0.678	0.676	0.676

以图 3-3 所示的 R-R 间期序列为例，确定性信息是 R-R 间期序列在一个固定值附近波动（约 0.66），而在某些特殊的时间点（如 19190）波动较大。然而，R-R 间期是否存在集群效应取决于统计检验的结果，如平稳性检验、ARCH 效应检验等。

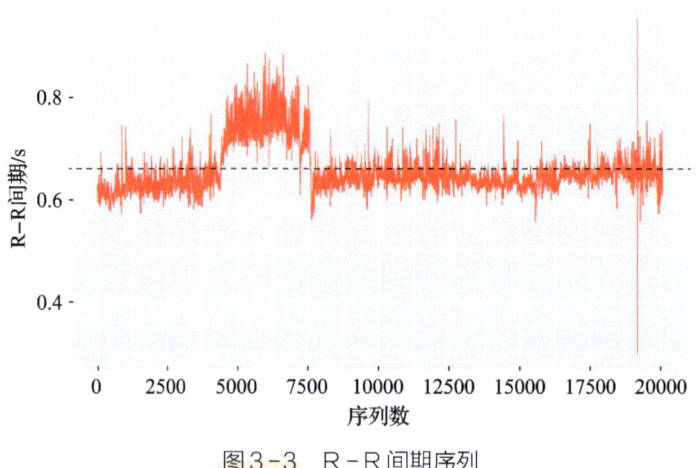

图 3-3　R-R 间期序列

首先对残差序列（原始序列减去每一点的均值）进行平稳性检验。若检验表明残差序列是平稳的，则证明大部分时间序列在固定值附近波动。然后对残差序列进行 ARCH 效应检验，检验残差序列在某些时间点是否存在显著波动。若残差序列通过 ARCH 检验，则表明间期存在集群效应。

1. 基于单位根检验的残差序列平稳性分析

由于人的心率是恒定的，利用式（3-6）表征驾驶员的 R-R 间期序列，驾驶员 1 的 R-R 间期数据标定结果如下：

$$x_t = 0.6615 + u_t \tag{3-10}$$

以驾驶员 1 为例进行模型解释和平稳性验证。在经济学领域，残差序列的平稳性分析通常采用单位根检验。检验方法包括 ADF 检验、PP 检验、DF-GLS 检验、ERS 检验和 NP 检验，这些检验的零假设是残差序列有一个单位根，并且处于非平稳状态。基于残差 R-R 间期序列数据的驾驶员 1 平稳检验结果见表 3-2。在 5% 显著性水平下，五种检验方法均拒绝单位根假设。因此，可以认为驾驶员 1 的 R-R 间期残差序列是平稳的。

表3-2 基于残差R-R间期序列数据的驾驶员1平稳检验结果

测试方法	统计量	p值	5%显著性水平
ADF检验	$T=-6.604$	0.000	拒绝单位根假设
PP检验	$T=-23.474$	0.000	拒绝单位根假设
DF-GLS检验	$T=-4.707$	5%临界值=-1.941	拒绝单位根假设
ERS检验	$P=0.581$	5%临界值=3.260	拒绝单位根假设
NP检验	所有统计值均小于5%临界值		拒绝单位根假设

2. 基于Q检验的心率R-R间期序列ARCH检验

方差齐性检验可以转化为残差平方序列的自相关检验。因此，采用Q检验方法检验残差平方序列的自相关性，简单地找出残差序列中是否存在ARCH效应。Q检验的零假设是残差平方序列的方差是齐次的。使用EViews软件对各阶的自相关系数进行检验，结果见表3-3。

表3-3 各阶残差序列的自相关系数

序号	自相关	偏相关	Q检验	p值	序号	自相关	偏相关	Q检验	p值
1	0.981	0.981	19326	<0.001	7	0.847	-0.038	116895	<0.001
2	0.956	-0.183	37666	<0.001	8	0.826	-0.016	130609	<0.001
3	0.929	-0.025	54988	<0.001	9	0.809	0.092	143760	<0.001
4	0.907	0.149	71525	<0.001	10	0.798	0.123	156567	<0.001
5	0.888	-0.025	87345	<0.001	11	0.794	0.123	169240	<0.001
6	0.868	-0.013	102484	<0.001	12	0.794	0.069	181899	<0.001

从表3-3中可以看出，驾驶员1残差R-R间期序列通过了平稳性检验和ARCH效应检验，说明残差R-R间期序列存在波动集群效应。对其他9位驾驶员的R-R间期数据也进行了平稳性检验和ARCH效应检验，得出了同样的结论。因此所有驾驶员的R-R间期序列均具有集群效应。

3.2.4 案例分析

1. 基于驾驶员1的数据进行模型验证

（1）AR(1)-GARCH(1,1)模型的拟合

驾驶员1驾驶试验车辆从白城市到长春市，总驾驶时间为221min，共收集了20073个R-R间期数据样本。利用采样数据对式（3-7）进行拟合，结果见表3-4。

表3-4 AR(1)-GARCH(1,1) 模型的拟合结果

参数	参数值	标准误差	Z 统计量	R^2
c	0.6615	—	—	
ρ	0.9814	0.0020	314.8002	
w	2.21×10^{-6}	2.84×10^{-8}	77.8634	0.96
λ	0.2968	0.0042	70.2032	
η	0.7003	0.0028	247.8627	

因此，将表3-4中的参数值代入式（3-7），可得

$$\begin{cases} x_t = 0.6615 + u_t \\ u_t = 0.9814 u_{t-1} + e_t \\ e_t = z_t \sqrt{h_t} \\ h_t = 2.21 \times 10^{-6} + 0.2968 e_{t-1}^2 + 0.7003 h_{t-1} \end{cases} \quad (3-11)$$

（2）ARCH-LM 检验

ARCH-LM 检验采用拉格朗日乘子（LM）检验判断模型中是否存在 ARCH 效应。检验结果中的 p 值为 0.135，当 $p > 0.05$ 时认为标准残差序列的方差是均匀的，即消除了 ARCH 效应。

（3）疲劳驾驶状态识别

AR(1)-GARCH(1,1) 的条件方差变化如图3-4所示。通过求解式（3-9），可以得到：$v_a = 8.78 \times 10^{-5}$，$\sigma_0 = 9.37 \times 10^{-3}$。根据识别准则可得当 t 在 1991~1995 之间时，模型的条件方差显著增大，意味着 R-R 间期序列存在较强的波动性。在理想路况下，巨大的波动仅仅来自于驾驶员疲劳状态的变化，因此可得，当 t 在 1991~1995 之间时，驾驶状态由清醒状态转换为疲劳状态。而在本研究中，R-R 间期序列样本数量并不与驾驶时间直接对应。当 t 在 1991~1995 之间时，驾驶时间约为 1914s，且当驾驶时间在 1800s 左右时，驾驶员的状态由清醒状态转变为轻度疲劳状态，因此，所建立模型的识别时间延迟为 114s。

2. 基于其他驾驶员数据的模型验证

另外9个驾驶员的 R-R 间期数据也被用来验证模型，模型的识别时间延迟见表3-5。

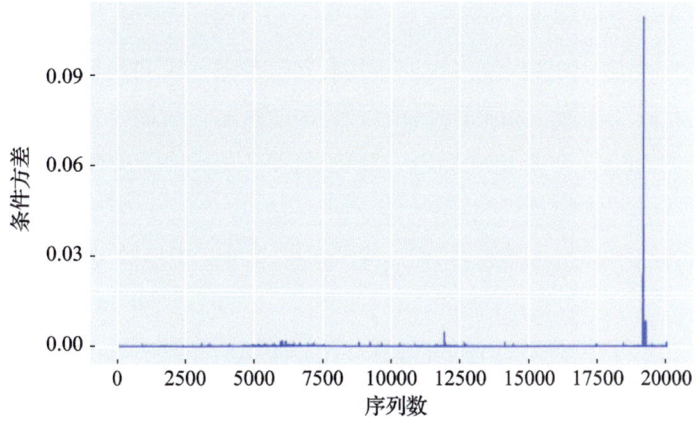

图 3-4　由驾驶员 1 的 R-R 间期数据得到的条件方差

表 3-5　基于其他 9 名驾驶员的 R-R 间期数据对模型进行评估

驾驶员编号	2	3	4	5	6	7	8	9	10
识别时间/s	11581	1606、3494	2674	3852	1940、4629	3752	2926	3688	7345
真实时间/s	11405	1510、3320	2411	3631	1785、4505	3590	2723	3618	7215
时间延迟/s	176	96、174	263	221	155、124	162	203	70	130

从表 3-5 可以看出，在所有情况下，对驾驶疲劳的识别都是正确的，且识别时间延迟均小于 5min，最小为 70s，最大为 263s。这种延迟可能由两个原因导致：一是 AR(1)-GARCH(1,1) 模型的识别误差，二是调查人员每 15min 询问一次驾驶员的疲劳程度，若改为每 1min 询问一次，延误时间可减少，但可能显著干扰驾驶员的驾驶状态。

3.2.5　结论

本节首先选择心电信号的 R-R 间期序列作为驾驶疲劳状态的检测指标，然后，利用 AR(1)-GARCH(1,1) 模型建立了驾驶疲劳状态检测算法，最后，设计了实车道路试验对检测方法进行算例分析，结果表明所建立的方法能够及时识别驾驶疲劳状态。本研究的具体结论如下。

首先，R-R 间期是一个识别驾驶员疲劳程度的优良指标。然而，由于只有 R-R 间期序列的波动集群效应与驾驶状态的变化密切相关，因此原始数据不能直接用于疲劳状态识别。

其次，AR(1)-GARCH(1,1)模型适用于R-R间期序列的分析。利用模型条件方差的变化来分析驾驶员疲劳水平的变化。实例研究表明，该算法的识别延时小于5min，对于驾驶员进入疲劳状态时提供预警具有重要意义。

如何使识别算法的延迟时间最小化是今后应重点关注的问题。如果将R-R间期数据与其他生理指标结合使用，则识别算法的性能将被显著提高。

3.3 基于反应时间和操作时间的驾驶员状态识别

3.3.1 研究背景及研究现状

应激反应是指驾驶员在遇到紧急事件时，为避免发生事故而做出的反应[22]。驾驶员通过视觉和听觉感知周围道路环境中的事件，然后做出决定并调整其驾驶行为。因此驾驶员的应激反应可分为感知、决策和操作三个阶段[23]。很多研究都是通过以上三个阶段的人车性能指标来判断驾驶员是否处于疲劳状态，从而避免交通事故的发生[24-26]。其中，第一阶段的生理指标虽然可以推断驾驶员的疲劳程度，但容易受到驾驶员情绪、外部交通环境、车内娱乐信息等其他因素的影响，稳定性较差[27-29]。因此，本研究选取第二阶段的反应能力和第三阶段的操作能力来表征驾驶员的应激反应能力。

驾驶员疲劳时的反应能力和操作能力会下降。但驾驶员疲惫加剧为疲劳需要一个过程，而反应能力和操作能力等指标具有短期特征[30]。在使用短期指标识别具有长期累积特征的驾驶员状态时，常见以下两种情况：①长时间警醒状态下的驾驶会导致分心，使得短期内的应激反应能力下降。因此，在分心状态下收集的数据可能将非疲劳状态误识别为疲劳状态。然而，分心通常是暂时的，驾驶员往往可以迅速恢复。相比之下，疲劳是长期累积的，恢复时间较长，因此需要加以区分。②当驾驶员开始疲劳时，身体会短期提高应激反应能力以对抗疲劳。但这种状态不会持续太久，因此使用短期指标来识别驾驶员状态可能将疲劳误判为非疲劳状态。

显然，上述两个短期状态与相邻时间段的状态会出现差异，导致驾驶员状态的错误分类。为了解决这一问题，识别驾驶员某一时刻的状态时，需要结合驾驶员在此时刻之前的状态等先验知识。因此，本研究旨在开发一种基于反应能力和操作能力的状态识别方法，同时考虑驾驶员状态的长期稳定性和状态指标的短期随机波动性。该方法为利用短期状态指标进行驾驶员状态识别提供了一种新的选择,是以往研究所未实现的。本研究使用反应时间(RT)和操作时间(OT)来表示反应能力和操作能力,其中 RT 指驾驶员注意到前方交通事件到离开加速踏板的时间,OT 指脚移动到制动踏板并执行制动压力的时间。

3.3.2 基于贝叶斯的驾驶状态概率表征模型构建

如 3.3.1 节所述,在两种偶发情况下采用短时特征指标来判别驾驶状态容易出现误判。贝叶斯判别是利用已知的先验概率去计算将要发生的后验概率,计算每个样本的后验概率及其判错率,用最大后验概率来划分样本的分类,并使得期望损失达到最小。在利用贝叶斯判别驾驶员状态的过程中,可以避免上述两种偶发情况所导致的误判。贝叶斯公式如下所示:

$$P(A_j|B) = \frac{P(A_j)P(B|A_j)}{\sum_{j=1}^{n}P(A_j)P(B|A_j)}, \quad j = 1, 2, \cdots, n \quad (3-12)$$

式中,$P(A_j|B)$ 为在 B 发生的情况下 A_j 发生的概率;$P(A_j)$ 为 A_j 发生的概率。

将反应时间记为随机变量 R,反应时间序列集合记为 $T_1 = \{R_t\}$,其中 R_t 表示在 t 时刻的反应能力。操作时间记为随机变量 E,操作时间序列集合记为 $T_2 = \{E_t\}$,其中 E_t 表示在 t 时刻的操作能力。随机向量 $X = (R, E)^T$,驾驶员状态记为随机变量 Y,根据上述定义,Y 取 0 表示警醒,Y 取 1 表示疲劳。驾驶员状态的时间序列集合记为 $D = \{Y_t\}$,其中 $Y_t \in \{0, 1\}$ 表示在 t 时刻处于疲劳或警醒的状态。

基于 RT 和 OT 的驾驶员状态识别,实际上是构建在给定 X 的条件下 Y 的概率密度函数 $P(Y|X)$。然而在实车道路试验中,更容易获取已知驾驶员状态情况下的反应时间与操作时间,并构建 $P(X|Y)$。因此,为了通过 $P(X|Y)$ 求得 $P(Y|X)$,需要利用贝叶斯公式实现条件概率的转化,为驾驶状态判别奠定基础。

根据经典贝叶斯公式推导基于 RT 和 OT 判别驾驶疲劳的贝叶斯计算公式,见式 (3-13)。

$$P(Y=1|X) = \frac{P(X|Y=1)P(Y=1)}{P(X|Y=1)P(Y=1) + P(X|Y=0)P(Y=0)}$$
$$= \frac{1}{1 + \frac{P(X|Y=0)P(Y=0)}{P(X|Y=1)P(Y=1)}} \quad (3-13)$$

式中，$P(X|Y=1)$为驾驶员处于疲劳状态时 R 和 E 的联合概率密度，可分别建立驾驶员疲劳时 R 和 E 的概率密度函数，然后再获取联合概率密度函数；$P(X|Y=0)$为驾驶员处于警醒状态时 R 和 E 的联合概率密度；$P(Y=1)$、$P(Y=0)$分别为已经发生的事件中 1 或者 0 的样本量占总样本量的百分比。对于固定的驾驶员，$P(X|Y=1)$ 和 $P(X|Y=0)$ 是恒定不变的，变化的只有 $P(Y=1)$ 和 $P(Y=0)$。

根据驾驶员状态变化规律，可以将其状态场景分为 A、B、C、D 四类。

场景 A：驾驶员始终处于警醒状态。

场景 B：驾驶员始终处于疲劳状态。

场景 C：驾驶员一直处于警醒状态，中间偶尔表现出短时疲劳，但又迅速恢复至警醒。

场景 D：驾驶员一直处于疲劳状态，因外界刺激表现出警醒而又快速恢复至疲劳。

驾驶员不同状态下的疲劳概率变化规律见表 3-6。

表 3-6 驾驶员不同状态下的疲劳概率变化规律

场景	Y	$P(X\|Y=0)P(Y=0)$	$\dfrac{P(X\|Y=0)P(Y=0)}{P(X\|Y=1)P(Y=1)}$	$P(Y=1\|X)$
A	000000	u	u	d
B	111111	d	d	u
C	0001000	u-d-u	u-d-u	d-u-d
D	1110111	d-u-d	d-u-d	u-d-u

注：0 代表驾驶员处于警醒状态，1 代表驾驶员处于疲劳状态。u 代表变大，d 代表变小。如：u-d-u 表示概率先变大，然后变小，再变大。

根据不同驾驶场景下的驾驶员疲劳概率变化规律分析，得到如下结论：

场景 A：驾驶员始终处于警醒状态，随着 0 的增多，驾驶员处于疲劳状态的概率下降。

场景 B：驾驶员始终处于疲劳状态，随着 1 的增多，驾驶员处于疲劳状态的概率上升。

场景 C：驾驶员一直处于警醒状态，随着时间推移，0 逐渐增多，$P(Y=1|X)$ 下降。中间偶尔表现出疲劳状态（即出现 1），$P(Y=1|X)$ 上升；之后随着 0 的增多，$P(Y=1|X)$ 再下降。

场景 D：驾驶员一直处于疲劳状态，随着时间推移，1 逐渐增多，$P(Y=$

$1|X)$ 上升。中间因外界刺激偶尔出现警醒状态（出现 O），$P(Y=1|X)$ 下降；之后随着 O 的增多，$P(Y=1|X)$ 再上升。

综上，在给定反应能力和操作能力的情况下，利用贝叶斯方法建立驾驶员疲劳的概率模型可以有效地描述其状态变化规律，同时能够避免因偶发因素带来的驾驶疲劳误判的问题。

驾驶疲劳判别的一个关键问题是难以确定驾驶员达到疲劳状态时的指标阈值。因为在疲劳状态下不同驾驶员表现出的状态指标存在差异，因此无法用一个固定的指标阈值来判定所有人是否疲劳。机器学习算法可以有效地解决因个体差异带来的误判问题。如何根据驾驶疲劳的概率模型表达式选择合适的机器学习算法，是本书需要解决的另一个关键问题。

3.3.3 试验设计与数据收集

考虑到疲劳驾驶的危险性，采用模拟驾驶试验代替实车道路试验。采集驾驶员不同状态下应对应激事件的 RT 和 OT，并采用 RT 和 OT 分别表征其反应能力和操作能力。

1. 试验设计

试验目的：采集驾驶员连续驾驶时遇到应激事件的 RT、OT，并通过询问获取此时驾驶员是否疲劳。

试验平台由驾驶模拟器（UC-win Road trial）、Arduino 数据采集板、数据采集卡、压力薄膜传感器、LED 灯和笔记本电脑构成。在驾驶员前方视野内设置一组计算机程序控制的 LED 灯模拟突发事件，在方向盘上环绕压力薄膜传感器，并通过 Arduino 数据采集板和数据采集卡采集驾驶员在应对突发事件时的握力，以此获取其 RT、OT 和握力峰值，试验平台如图 3-5 所示，方向盘上的握力传感器如图 3-6 所示。

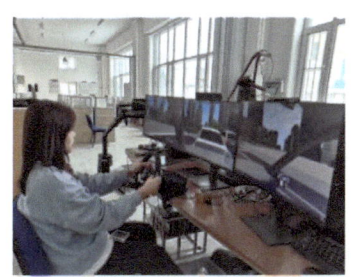

图 3-5 试验平台

图 3-6 方向盘上的握力传感器

试验方案：驾驶员在模拟器上连续驾驶直至非常疲劳、体力耗尽不能驾驶为止。因在模拟器中无法模拟道路上突然出现行人及车辆等突发事件，所以在驾驶员的前方视野内设置一组 LED 灯，由计算机程序控制其随机启亮。当 LED 灯启亮时代表发生一次突发事件，每次启亮 1s，保证驾驶员既不会错过目标光点也不会影响驾驶员正常驾驶。为避免驾驶员产生适应性，程序控制的 LED 灯随机启亮，两次启亮之间的时间间隔是 $1\sim3\min$。

20 名被试者被分为疲劳和警醒两组，分别用 1 和 0 表示。试验中，当被试者看到 LED 灯启亮时，右手需紧握方向盘至最大受力，左手保持正常握持，并向试验人员报告是否疲劳。通过方向盘受力变化，记录握力突变起始和达到峰值的时刻，时间精度为 0.02s。试验中，RT 定义为 LED 灯启亮至握力突变的时间差；OT 定义为握力突变至达峰值的时间差。该试验方案可迁移到实车道路试验中，应用于驾驶疲劳监控预警。

2. 数据预处理

在从 20 名被试者收集的数据中，标记为疲劳的样本占所有样本的 42%。根据式（3-13）可知，要计算 $P(X|Y=1)$、$P(X|Y=0)$，首先需要分别计算驾驶员不同状态下 R 和 E 的概率密度，然后再获取不同状态下 R 和 E 的联合条件概率密度。判断样本数据服从何种概率分布一般包括三个步骤：

步骤 1：样本量分布初判。分析样本量的偏度与峰度，再结合样本量分布直方图，初步假设样本的概率分布。

处于警醒状态下的 RT 和 OT 的偏度和峰度都接近于零，这意味着被试者 1 在警醒状态下的 RT 和 OT 都近似服从正态分布。此外，疲劳下 RT 和 OT 的偏度均大于零，表明 RT 和 OT 均呈右偏分布。

步骤 2：样本分布的统计学验证。利用统计手段验证样本是否符合假设的概率密度函数。

根据样本量分布直方图判断样本量分布。通过绘制柱状图对数据分布进行初步假设。图 3-7 和图 3-8 所示分别为被试者 1 在两种不同驾驶状态下的 RT 和 OT 分布。

从图 3-7 和图 3-8 可以看出，处于警醒状态下的被试者 1 的 RT 和 OT 一般遵循正态分布，而处于疲劳状态的被试者 1 大致遵循对数正态分布。从其他被试者的数据中同样得到印证。本研究借助 Q-Q 图对警醒状态和疲劳状态下驾驶员的 RT 和 OT 的概率分布进行检验。结果说明，警醒状态下，RT 和 OT 的分布服从正态分布；疲劳状态下，RT 和 OT 的服从对数正态分布。

步骤 3：样本分布的专业分析验证。结合样本的实际意义，分析假设是否合理。

根据上述研究发现驾驶员警醒状态下的 RT 和 OT 均服从正态分布，而疲劳状态下两者均服从对数正态分布。下面从实际的角度分析是否合理。

在警醒状态下，驾驶员的 RT 和 OT 通常呈正态分布，除了极少数情况下可能会因外界刺激过快或分神导致反应异常。

而在疲劳状态下，驾驶员的特征指标变化更为复杂，可分为三个状态。首先是进入疲劳状态（状态1），此时 RT 和 OT 延长；接着，驾驶员会强迫自己保持警醒状态（状态2），但这种状态维持时间较短，RT 和 OT 会缩短；随着疲劳程度加深，这一循环会逐渐缩短，RT 和 OT 也会逐渐增加，直至无法抗拒疲劳，进入极度疲劳状态（状态3），此时反应和操作能力降至最低水平。

根据试验数据分析发现，驾驶员疲劳时，大部分时间处于状态1，此时驾驶员 RT 和 OT 的值较大。只有较少数的时间处于状态2，在状态2下 RT 和 OT 与清醒状态时较为接近。在剩余的极少时间内驾驶员处于状态3，在此状态下 RT 和 OT 的值非常大且波动范围较广。因此可以采用对数正态分布来表达驾驶员疲劳时的 RT 和 OT 概率分布。

3.3.4　驾驶员疲劳识别模型的建立

本节基于贝叶斯方法建立给定 RT 和 OT 下的驾驶员疲劳概率模型，根据概率模型的表达式选择 Logistic 分类器判别驾驶员是否疲劳。在基于贝叶斯理论计算发生疲劳的概率时，为了提高数据的显著差异，并方便建立联合概率密度函数，需要对 RT 和 OT 进行数据转换，然后再构建 $P(Y=1|X)$ 的贝叶斯概率模型，最后对模型参数进行检验。

1. 数据转换

根据式（3-13）可知，为了计算 $P(X|Y=0)$ 和 $P(X|Y=1)$，需要分别求得驾驶员不同状态下 R 和 E 的概率密度分布，然后再获取两者联合概率密度分布。为简化计算，对操作时间序列进行变换，将疲劳时的 R 和 E 转换为正态分布，从而降低建立联合概率密度函数的难度。

同时由图 3-7 和图 3-8 可以看出：在警醒状态下驾驶员 RT 大多位于 400~1200ms 这个区间；在疲劳状态下 RT 大多位于 800~1300ms 这个区间。

即在两种状态下驾驶员 RT 的值存在较大部分的重叠。所以当给定一个 RT 时（如 900ms），很难判定此时驾驶员处于疲劳状态还是警醒状态。分析两种状态下驾驶员的 OT 也可以发现相同的现象。因此为了使警醒和疲劳状态下的样本数据存在显著差异，以提高驾驶员状态判别精度，需要对 RT 样本和 OT 样本进行数据变换。

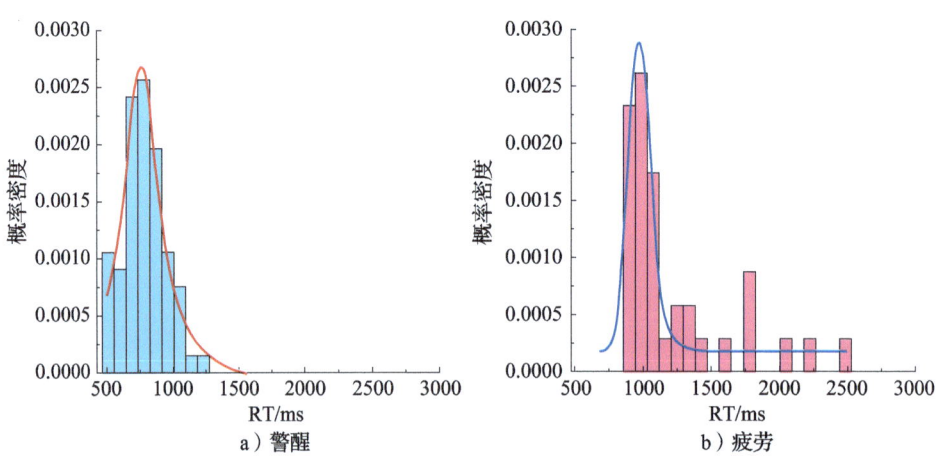

图 3-7　两种不同驾驶状态下的 RT 分布

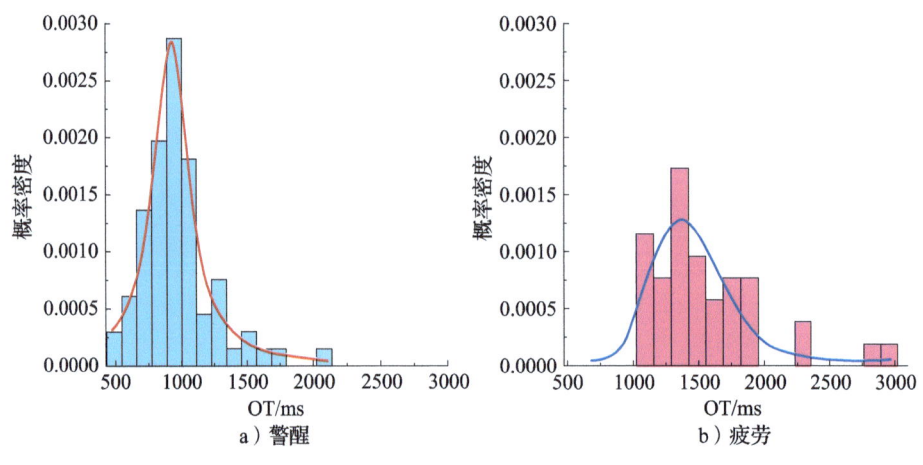

图 3-8　两种不同驾驶状态下的 OT 分布

对于样本 (R, Y)，在警醒状态下，RT 服从正态分布；在疲劳状态下，RT 服从对数正态分布。用条件概率的形式表示，记为

$$R \mid Y = 0 \sim N(\mu_0, \sigma_0^2), \quad \ln R \mid Y = 1 \sim N(\mu_1, \sigma_1^2) \qquad (3-14)$$

式中，$N(\cdot)$ 为正态分布；μ_0 和 μ_1 分别为警醒状态和疲劳状态下的 RT 均值；

σ_0^2 和 σ_1^2 分别为警醒状态和疲劳状态下的 RT 方差。

以不同状态下 R 的条件概率分布为例构建变换。具体变化步骤如下。

步骤 1：利用常见的均匀比例缩放法将任意分布下的 R 进行变换 $f: T \mapsto U_\varepsilon(1)$。其中 $U_\varepsilon(1)$ 表示 1 的 ε 邻域，即 $U_\varepsilon(1) = (1-\varepsilon, 1+\varepsilon)$，$\varepsilon$ 为任意无穷小量。均匀比例缩放法对序列 $x = \{x_t\}$ 的变换如下：

$$\phi(x_t) = a\left[\frac{x_t - \min(x_t)}{\max(x_t) - \min(x_t)} - 1\right] + b \tag{3-15}$$

式中，a 和 b 为尺度常数，用于对 x_t 进行缩放程度，一般根据经验取定，经尝试得到 $a = 0.2$，$b = 0.1$。

步骤 2：计算将 R 映射到 1 的邻域后的概率密度表达。对样本 R 进行变换 $f: T \mapsto U_\varepsilon(1)$，变换后的样本表达为 $(R_t^0 \mid Y_t, Y_t)$，此时警醒和疲劳状态下的 R^0 依然服从式 (3-16) 和式 (3-17) 所示的正态分布和对数正态分布。

$$R^0 \mid Y = 0 \sim N(\tilde{\mu}_0, \sigma_0^{\prime 2}) \tag{3-16}$$

$$\ln R^0 \mid Y = 1 \sim N(\mu_1^\prime, \sigma_1^{\prime 2}) \tag{3-17}$$

式中，$\tilde{\mu}_0$ 和 $\mu_1^\prime$ 分别为变换后警醒状态和疲劳状态下的 RT 均值；$\sigma_0^{\prime 2}$ 和 $\sigma_1^{\prime 2}$ 分别为变换后警醒状态和疲劳状态下的 RT 方差。

步骤 3：利用 1 的邻域数据特性构建变换。由于 R^0 在 1 的邻域内，有近似关系 $\ln R^0 \approx (R^0 - 1)$，故式 (3-17) 变为

$$(R^0 - 1) \mid Y = 1 \sim N(\mu_1^\prime, \sigma_1^{\prime 2}) \tag{3-18}$$

将式 (3-16) 两侧均减 1，则有

$$(R^0 - 1) \mid Y = 0 \sim N(\mu_0^\prime, \sigma_0^{\prime 2}) \tag{3-19}$$

式中，$\mu_0^\prime = \tilde{\mu}_0 - 1$。

根据式 (3-18) 和式 (3-19) 可看出驾驶员处于警醒和疲劳状态下的随机变量 $(R^0 - 1)$ 均服从正态分布。两种状态的差异可以通过不同的均值和方差体现出来。

综合上述三个步骤，对于训练样本 (R, Y)，构建以下变换：

$$R^\prime = \phi(R) = f(R) - 1 = R^0 - 1 \tag{3-20}$$

同理，对于 OT 也可以构建以下变换：

$$E^\prime = \phi(E) = f(E) - 1 = E^0 - 1 \tag{3-21}$$

根据上述两个变换，即将任一 R 和 E 通过变换 ϕ 映射到 0 的邻域内，变换后的样本分别为 $(R^\prime \mid Y)$ 和 $(E^\prime \mid Y)$，均服从正态分布，利于构建 R 和 E 的联合

概率密度分布。变换后的样本能保持原始数据集性质，同时使得在疲劳和警醒状态下的反应时间存在显著差异，提高判别精度。

2. 二元联合概率密度函数建立

为计算给定驾驶员 RT 和 OT 下疲劳发生的概率，需要首先求得 $P(X'|Y=1)$、$P(X'|Y=0)$ 和 $P(Y)$。

1) 构建驾驶员不同状态下的 RT 和 OT 的联合概率密度函数 $P(X'|Y=1)$、$P(X'|Y=0)$。根据统计学理论，多个服从一维正态分布的随机变量的联合分布一般服从多元正态分布。变换后的 $\mathrm{RT}(R'|Y)$ 和 $\mathrm{OT}(E'|Y)$ 均服从一维正态分布，因此二维随机向量 $X'|Y=(R', E')^{\mathrm{T}}|Y$ 也应该服从二维正态分布。但是还需要对这个结论的正确性进行统计学检验。

通常利用 Shapiro-Wilk 方法检验二元随机向量 $(R', E')^{\mathrm{T}}$ 的分布是否为二维正态分布。以驾驶员 1 为例检验得到 W 统计量为 0.97，其 p 值为 0.158，在 5% 显著性水平下，不能拒绝 $(R', E')^{\mathrm{T}}$ 服从二维正态分布的原假设，因此认为驾驶员 1 的 $(R', E')^{\mathrm{T}}$ 服从二维正态分布。

确定 RT 和 OT 在条件 Y 下的联合概率分布 $(R'|E')^{\mathrm{T}}|Y$ 服从二维正态分布之后，建立两者的联合条件概率密度函数。记 $X'|Y=(R', E')^{\mathrm{T}}|Y \sim N(\boldsymbol{\mu}_Y, \boldsymbol{\Sigma}_Y)$，其中 $\boldsymbol{\mu}_Y = (\mu'_{R,Y}, \mu'_{E,Y})$ 代表随机向量 $X'|Y$ 的均值向量，$\boldsymbol{\Sigma}_Y$ 为 n 阶协方差矩阵，定义为

$$\boldsymbol{\Sigma}_Y = E[(X|Y-\boldsymbol{\mu}_Y)(X|Y-\boldsymbol{\mu}_Y)^{\mathrm{T}}] \tag{3-22}$$

因此，二元正态分布随机向量 $X'|Y$ 的概率密度函数为

$$P(X'|Y) = \frac{1}{(2\pi)^{n/2}|\boldsymbol{\Sigma}|^{1/2}}\exp\left\{-\frac{1}{2}(X'|-\boldsymbol{\mu}_Y)^{\mathrm{T}}\boldsymbol{\Sigma}_Y^{-1}(X'|-\boldsymbol{\mu}_Y)\right\} \tag{3-23}$$

式中，n 为自变量个数，本研究中 $n=2$；$|\cdot|$ 为矩阵的行列式。

在警醒状态（$Y=0$）和疲劳状态（$Y=1$）下，X' 的条件概率分布分别为

$$P(X'|Y=0) = \frac{1}{(2\pi)^{n/2}|\boldsymbol{\Sigma}|^{1/2}}\exp\left\{-\frac{1}{2}(X'-\boldsymbol{\mu}_0)^{\mathrm{T}}\boldsymbol{\Sigma}_0^{-1}(X'-\boldsymbol{\mu}_0)\right\} \tag{3-24}$$

$$P(X'|Y=1) = \frac{1}{(2\pi)^{n/2}|\boldsymbol{\Sigma}|^{1/2}}\exp\left\{-\frac{1}{2}(X'-\boldsymbol{\mu}_1)^{\mathrm{T}}\boldsymbol{\Sigma}_0^{-1}(X'-\boldsymbol{\mu}_1)\right\} \tag{3-25}$$

2) 构建随机变量 Y 的概率密度函数 $P(Y=1)$ 和 $P(Y=0)$，Y 是伯努利变量（1 或 0），因此服从二值分布，其概率密度函数为

$$P(Y=y) = \varphi^y (1-\varphi)^{1-y} \tag{3-26}$$

式中，φ 为驾驶员一次连续驾驶过程中疲劳的概率，$\varphi = P(Y=1)$。

3. 模型参数估计

已知 $X' \mid Y$ 和 Y 的分布，利用式（3-13）计算驾驶员处于疲劳状态的概率。本研究利用极大似然估计法对模型参数 φ、$\boldsymbol{\mu}_0$、$\boldsymbol{\mu}_1$ 和 $\boldsymbol{\Sigma}$ 进行估计。

$$L(\varphi, \boldsymbol{\mu}_0, \boldsymbol{\mu}_1, \boldsymbol{\Sigma}) = \prod_{t=1}^{n} P(X'_t, Y_t) = \prod_{t=1}^{n} P(Y_t) P(X'_t \mid Y_t) \tag{3-27}$$

式中，t 为样本的序号；n 为所有样本的个数。

对数似然函数如下：

$$l(\varphi, \boldsymbol{\mu}_0, \boldsymbol{\mu}_1, \boldsymbol{\Sigma}) = \log L[(\varphi, \boldsymbol{\mu}_0, \boldsymbol{\mu}_1, \boldsymbol{\Sigma})] = \log \prod_{t=1}^{n} P(Y_t) P(X'_t \mid Y_t) \tag{3-28}$$

为了解决最大化问题，需要进行如下计算：

$$\varphi = \frac{\sum_{i=1}^{n} Y_t}{n} = \frac{\sum_{i=1}^{n} 1\{Y_t = 1\}}{n} \tag{3-29}$$

式中，$1\{\cdot\}$ 为一个指示函数，当内部项为真时，指示函数取 1，否则取 0。

除此之外，

$$\boldsymbol{\mu}_0 = \frac{\sum_{i=1}^{n} 1\{Y_t = 0\} X'_t}{\sum_{i=1}^{n} 1\{Y_t = 0\}} \tag{3-30}$$

$$\boldsymbol{\mu}_1 = \frac{\sum_{i=1}^{n} 1\{Y_t = 1\} X'_t}{\sum_{i=1}^{n} 1\{Y_t = 1\}} \tag{3-31}$$

$$\boldsymbol{\Sigma} = \frac{1}{n} \sum_{i=1}^{n} (X_t - \mu_{Y_t})(X_t - \mu_{Y_t})^{\mathrm{T}} \tag{3-32}$$

结合式（3-24）~式（3-32）得到如下公式：

$$\frac{P(X' \mid Y=0) P(Y=0)}{P(X' \mid Y=1) P(Y=1)} = \frac{1-\varphi}{\varphi} \exp\left\{\frac{1}{2} [X'^{\mathrm{T}} \boldsymbol{\Sigma}^{-1}(\boldsymbol{\mu}_0 - \boldsymbol{\mu}_1) + (\boldsymbol{\mu}_0 - \boldsymbol{\mu}_1)^{\mathrm{T}} \boldsymbol{\Sigma}^{-1} X' - \boldsymbol{\mu}_0^{\mathrm{T}} \boldsymbol{\Sigma}^{-1} \boldsymbol{\mu}_0 + \boldsymbol{\mu}_1^{\mathrm{T}} \boldsymbol{\Sigma}^{-1} \boldsymbol{\mu}_1]\right\} \tag{3-33}$$

通过式（3-33）和式（3-13）得到

$$P(Y=1\mid X') = \cfrac{1}{1+\exp\left\{\cfrac{1}{2}[X'^{\mathrm{T}}\boldsymbol{\Sigma}^{-1}(\boldsymbol{\mu}_0-\boldsymbol{\mu}_1)+(\boldsymbol{\mu}_0-\boldsymbol{\mu}_1)^{\mathrm{T}}\boldsymbol{\Sigma}^{-1}X'-\boldsymbol{\mu}_0^{\mathrm{T}}\boldsymbol{\Sigma}^{-1}\boldsymbol{\mu}_0+\boldsymbol{\mu}_1^{\mathrm{T}}\boldsymbol{\Sigma}^{-1}\boldsymbol{\mu}_1]+\ln\cfrac{1-\varphi}{\varphi}\right\}}$$

(3-34)

4. 基于 Logistic 回归分类器的驾驶状态判别

式（3-34）中 $P(Y=1\mid X')$ 的概率表达式，符合式（3-35）中的 Logistic 回归分类器的模型表达形式，因此可以选择 Logistic 分类器判别驾驶员的状态。

$$h_{\boldsymbol{\theta}}(\boldsymbol{x}) = g(\boldsymbol{\theta}^{\mathrm{T}}\boldsymbol{x}) = \frac{1}{1+\mathrm{e}^{-\boldsymbol{\theta}^{\mathrm{T}}\boldsymbol{x}}} \tag{3-35}$$

式中，$\boldsymbol{x}$ 为输入向量；$\boldsymbol{\theta}$ 为参数向量；$h_{\boldsymbol{\theta}}(\boldsymbol{x})$ 为概率值。

如前所述，驾驶疲劳判别存在的另一个关键问题是比较难以确定驾驶员达到疲劳状态时的指标阈值，因为疲劳状态下不同驾驶员表现出的状态指标存在差异。因此无法利用固定的指标阈值来判定所有人是否疲劳。Logistic 回归分类器作为机器学习算法的一种，可以有效地解决因个体差异带来的误判问题。同时基于贝叶斯算法获取驾驶员疲劳的概率 $P(Y=1\mid X)$，若 $P(Y=1\mid X)$ 在 0.5 附近，较难判别其是否疲劳，该情况称为判别中的模糊区间。Logistic 回归分类器的模糊区间非常小，绝大部分的判别较为清晰。此外 Logistic 回归分类器具有更好的稳定性，并且对数据的分布不敏感，即使在非正态分布的条件下也能完成工作。综上所述，无论是从模型的表达形式还是算法的优势，本研究选择 Logistic 回归分类器判别驾驶员状态都是合适的。

由于在式（3-34）中，分母的幂指数项是 X 的线性函数，因此可以采用 $-\boldsymbol{\theta}^{\mathrm{T}}X'-\theta_0$ 替换，然后可以得到

$$P(Y=1\mid X) = \frac{1}{1+\mathrm{e}^{-\theta_0-\boldsymbol{\theta}^{\mathrm{T}}X'}} = \frac{1}{1+\mathrm{e}^{-\theta_0-\theta_1 R'-\theta_2 E'}} \tag{3-36}$$

式中，θ_0、θ_1 和 θ_2 为待估计参数。

至此，构建了以疲劳或警醒状态为因变量，以变换后的 RT 和 OT 为自变量的 Logistic 回归分类器。

综上，在驾驶状态判别时，首先给定一组反应时间 R 和操作时间 E，先以式（3-20）和式（3-21）进行数据变换得到变换后的 R' 和 E'，再由式（3-26）获取驾驶疲劳的概率密度函数；利用该概率密度函数构建 Logistic 回归分类器，

对 R'、E' 以及 Y 进行训练。再以 0.5 作为分界点将概率模型转化为分类模型。若 $P(Y=1|X)$ 大于 0.5，则认为其驾驶状态为疲劳；$P(Y=1|X)$ 小于 0.5，则认为其驾驶状态为警醒；$P(Y=1|X)$ 等于 0.5，则认为此时的状态判别没有意义，应该采用其邻近时间的状态判别概率。

3.3.5 模型评价

1. 结果和分析

首先以被试者 1 为例对模型进行验证。对采集到的被试者 1 的反应时间 R 和操作时间 E 均进行变换，得到变换后的反应时间为 R' 和操作时间为 E'。再利用 Logistic 回归分类器对 R'、E' 以及对应的疲劳状态 Y 进行训练。

本研究采用了 10 折交叉验证方法来检验模型的精度。将样本数据均分为 10 份，依次将其中 9 份作为训练样本，剩下的 1 份作为测试样本，进行 10 次训练和判别。将 10 次判别的各项指标均值作为评估指标。得到 Logistic 回归分类器输出结果的混淆矩阵见表 3-7。

表 3-7 被试者 1 的 Logistic 回归分类器混淆矩阵

预测状态	实际状态	
	警醒	疲劳
警醒	68	9
疲劳	5	30

本研究中建立的是一个二元分类模型，需要进行统计学检验。统计学检验指标见表 3-8。为了和各类统计学文献中的术语保持一致，用正例代表警醒状态，用负例代表疲劳状态。

表 3-8 二元分类器统计学检验指标概述

指标	定义或计算方法	被试者 1 资料
TP、TN	驾驶员实际状态为警醒/疲劳而判定为警醒/疲劳的样本量	表 3-7 中的 68、30
FP、FN	实际状态为疲劳/警醒却被判定为警醒/疲劳的样本量	表 3-7 中的 9、5
TPR、FPR	TPR 是在所有实际为警醒样本中被识别为警醒数量的百分比，FPR 是在所有实际为疲劳样本中被识别为警醒数量的百分比 $$TPR = \frac{TP}{TP+FN},\ FPR = \frac{FP}{FP+TN}$$	表 3-7 中 $TPR = \frac{68}{68+5} = 0.932$、$FPR = \frac{9}{9+30} = 0.231$

（续）

指标	定义或计算方法	被试者1资料
Precision、Recall	Precision 是正确预测为警醒的样本数与确定为警醒的样本总数之间的比率，Recall 用来反映分类的质量 $$Precision = \frac{TP}{TP+FP}、Recall = \frac{TP}{TP+FN}$$	表 3-7 中 $Precision = \frac{68}{68+9} = 0.883$、$Recall = \frac{68}{68+5} = 0.932$
F – measure	F – measure 是一个综合评价标准，它是精度（Precision）和召回率（Recall）的加权平均值 $$F-measure = \frac{2 \times Precision \times Recall}{Precision + Recall}$$	表 3-7 中根据已经计算得到的 Precision 和 Recall 求得 $$F-measure = \frac{2 \times 0.883 \times 0.932}{0.883 + 0.932} = 0.907$$
AUC	AUC 为数值指标，其值为处于 ROC 曲线下方的面积的大小，用以衡量各个指标的诊断准确率（0.5~1.0 之间）	—

在表 3-8 中，ROC 曲线（Receiver Operating Characteristic Curve）通过将连续变量设定出多个不同的临界值，从而计算出一系列敏感性和特异性，再以敏感性为纵坐标、特异性为横坐标绘制成 ROC 曲线。AUC（Area Under ROC Curve）为数值指标，其值为处于 ROC 曲线下方的面积的大小，用以衡量各个指标的诊断准确率（0.5~1.0 之间）。

根据表 3-7 和表 3-8 可以计算得到 Logistic 回归分类模型的评价指标见表 3-9。

表 3-9　二元分类模型的统计检验指标

指标	TPR	FPR	Precision	Recall	F – measure	AUC
警醒	0.932	0.231	0.883	0.932	0.907	0.948
疲劳	0.769	0.068	0.857	0.769	0.811	0.948
Weighted Average	0.875	0.174	0.874	0.875	0.873	0.948

被试者 1 实际状态为警醒的 TPR 为 0.932；实际状态为疲劳的 TPR 为 0.769；模型判别为警醒的 Precision 为 0.883；模型判别为疲劳的 Precision 为 0.857。模型判别为警醒的 Recall、F – measure 分别为 0.932、0.907；模型判别为疲劳的 Recall、F – measure 分别为 0.769、0.811。

Weighted Average 是将每种驾驶状态的样本数量作为权重，计算得到各评价指标的加权平均值。在表 3-9 中，驾驶员警醒状态下被模型识别为警醒的正确率是 0.932，其疲劳状态下被模型识别为疲劳的正确率是 0.769。按照样本数加权，Logistic 回归分类器判别的准确率为 87.5%，其余评价指标 Precision、Recall 和 F – measure 都接近于 1.0，说明 Logistic 回归分类器的判别结果较好。

另一个值得关注的模型指标为 Kappa 统计量，它是基于混淆矩阵的一种计算分类精度的方法，可由式（3–37）计算。

$$\text{Kappa} = \frac{2 \times (TP \times TN - FN \times FP)}{(TP + FP)(FP + TN) + (FN + TN)(TP + FN)} \quad (3-37)$$

Kappa 统计量的取值范围为 [-1, 1]，但通常 Kappa 统计量是落在 0~1 间，一般人们将其分为五组来表示不同级别的分类精度，其含义见表 3–10。

表 3–10 不同范围的 Kappa 统计量及对应的含义

Kappa 范围	0.0~0.20	0.21~0.40	0.41~0.60	0.61~0.80	0.81~1
含义	微弱的	适当的	合理的	稳定的	几乎完美的

采用被试者 1 的数据可以计算得出 Kappa 统计量为 0.718，这说明模型的训练精度是稳定的。

2. 综合评价

为了对 Logistic 回归分类器进行稳健性分析，再对其余 19 名被试者运用上述 Logistic 回归分类器进行判别。部分见表 3–11。在警醒或者疲劳状态下其他 19 名被试者的 TPR 均大于 0.79，Weighted Average 指标位于 0.839~0.987 之间，说明模型的判别效果较好。AUC 指标和 Kappa 统计量也表明判别结果的可信度较高。

表 3–11 部分其他被试者的分类模型输出结果

被试者	TPR（警醒）	TPR（疲劳）	Weighted Average	AUC	Kappa 统计量
2	0.864	0.825	0.839	0.856	0.712
3	0.925	0.876	0.896	0.935	0.734
4	0.896	0.85	0.875	0.906	0.756
5	0.887	0.858	0.865	0.884	0.855
6	0.892	0.835	0.854	0.895	0.723
7	0.886	0.842	0.858	0.864	0.691
8	0.83	0.856	0.846	0.864	0.704
9	0.833	0.867	0.848	0.939	0.696
10	0.795	0.9	0.856	0.884	0.702

上述分析表明，本研究中建立的驾驶状态判别方法具有较高的精度，能够区分驾驶员是处于警醒还是疲劳状态。

3.3.6 结论

本研究提出了一种基于 RT 和 OT 的驾驶员状态识别方法。分析了驾驶员在警醒和疲劳状态下的 RT 和 OT 的概率分布函数，并建立了 Logistic 回归分类器。最后通过算例分析证明了所提出方法的有效性。本研究得出以下结论：

1）警醒状态下的 RT、OT 服从正态分布，疲劳状态的 RT、OT 服从对数正态分布。通过将均匀比例缩放后的 RT、OT 映射到 1 的邻域，并利用 1 的邻域特征将疲劳时的 RT、OT 对数正态分布转换为正态分布，有利于构建疲劳状态下 RT、OT 的联合概率密度函数，为贝叶斯概率模型的建立奠定基础。

2）利用贝叶斯方法构建驾驶疲劳概率模型，该模型是一种利用之前发生的所有驾驶状态（先验知识）来判别当前驾驶状态的方法，可以解决因短时偶发因素（如分心）导致驾驶员某一时刻的状态与相邻时刻的状态存在较大差异，进而造成状态误判的问题。

3）与机器学习方法不同，本章所提出的识别方法不需要从许多驾驶员收集大量数据，并且可以提供高水平的准确度。该方法通过基于模拟器从 20 名被试者收集的数据进行了测试。结果表明，最低准确率为 83.9%，最高准确率为 98.7%。所有参与者的准确率均高于 80%。

鉴于在真实道路上进行疲劳驾驶试验存在危险，本研究选择使用驾驶模拟器收集数据。然而，模拟器的逼真度有限，可能导致模拟与真实世界的感受不同。例如，驾驶模拟器中的环境相对枯燥，驾驶员更可能达到疲劳状态。因此，所提方法将在更真实的环境中验证其有效性和可靠性。

参考文献

[1] FASEL B, LUETTIN J. Automatic facial expression analysis: A survey[J]. Pattern Recognition, 2003, 36(1): 259-275.

[2] YANG G, LIN Y, BHATTACHARYA P. A driver fatigue recognition model based on information fusion and dynamic Bayesian network[J]. Information Sciences, 2010, 180(10): 1942-1954.

[3] 范士儒. 交通心理学教程[M]. 北京: 中国人民公安大学出版社, 2005.

[4] 窦广波, 常若松. 驾驶疲劳的实证研究[M]. 北京: 科学出版社, 2019.

[5] HANCOCK P A, DESMOND P A. Active and passive fatigue states[M]. New York: Lawrence Erlbaum, 2001.

[6] THIFFAULT P, BERGERON J. Fatigue and individual differences in monotonous simulated driving[J]. Personality and Individual Differences, 2003, 34(1), 159-176.

[7] BEGUM S. Intelligent driver monitoring systems based on physiological sensor signals: A review[C]//International IEEE Conference on Intelligent Transportation Systems. New York: IEEE, 2013: 282-289.

[8] EOH H J, CHUNG M K, KIM S H. Electroencephalographic study of drowsiness in simulated driving with sleep deprivation[J]. International Journal of Industrial Ergonomics, 2005, 35(4): 307-320.

[9] JAP B T, LAI S, FISCHER P, et al. Using EEG spectral components to assess algorithms for detecting fatigue[J]. Expert Systems with Applications: an International Journal, 2009, 36(2p1): 2352-2359.

[10] YEO M V M, LI X, SHEN K, et al. Can SVM be used for automatic EEG detection of drowsiness during car driving?[J]. Safety Science, 2009, 47(1): 115-124.

[11] NEMCOVA A, SEITL M, DOMINIK T, et al. Multimodal features for detection of driver stress and fatigue: Review[J]. IEEE Transactions on Intelligent Transportation Systems, 2020(99): 1-20.

[12] LIU W, QIAN J, YAO Z, et al. Convolutional two-stream network using multi-facial feature fusion for driver fatigue detection[J]. Future Internet, 2019, 11(5): 115.

[13] LIU Z, PENG Y, HU W. Driver fatigue detection based on deeply-learned facial expression representation[J]. Journal of Visual Communication and Image Representation, 2020, 71: 102723.

[14] SHIFERAW B A, DOWNEY L A, WESTLAKE J, et al. Stationary gaze entropy predicts lane departure events in sleep-deprived drivers[J]. Scientific Reports, 2018, 8(1): 2220.

[15] ZHANG X, WANG X, YANG X, et al. Driver drowsiness detection using mixed-effect ordered logit model considering time cumulative effect[J]. Analytic Methods in Accident Research, 2020, 26: 100114.

[16] GILLBERG M, KECKLUND G, KERSTEDT T. Sleepiness and performance of professional drivers in a truck simulator—Comparisons between day and night driving[J]. Journal of Sleep Research, 2010, 5(1): 12-15.

[17] PILUTTI T, ULSOY A G. Identification of driver state for lane-keeping tasks[J]. IEEE Transactions on Systems, Man and Cybemetics, 1999, 29(5): 486-502.

[18] KARL I, BERG G, RUGER F, et al. Driving behavior and simulator sickness while driving the vehicle in the loop: Validation of longitudinal driving behavior[J]. IEEE Intelligent Transportation Systems Magazine, 2013, 5(1): 42-57.

[19] KIM K, KIM B, LEE K, et al. Design of integrated risk management-based dynamic driving control of automated vehicles[J]. IEEE Intelligent Transportation Systems Magazine, 2017, 9(1): 57-73.

[20] LI Z, YANG Q, CHEN S, et al. A fuzzy recurrent neural network for driver fatigue detection based on steering-wheel angle sensor data[J]. International Journal of Distributed Sensor Networks, 2019, 15(9): 1-9.

[21] MEITZ M, SAIKKONEN P. Stability of nonlinear AR-GARCH models[J]. Journal of Time, 2008, 29(3): 453-475.

[22] MUNLA N, KHALIL M, SHAHIN A, et al. Driver stress level detection using HRV analysis[C]//International Conference on Advances in Biomedical Engineering. New York: IEEE, 2015: 61-64.

[23] LI X, RAKOTONIRAINY A, YAN X. How do drivers avoid collisions? A driving simulator-based study[J]. Journal of Safety Research, 2019(70): 89-96.

[24] ARBABZADEH N, JAFARI M, JALAYER M, et al. A hybrid approach for identifying factors

affecting driver reaction time using naturalistic driving data[J]. Transportation Research Part C Emerging Technologies, 2019, 100: 107-124.
[25] CHEN L L, ZHANG A, LOU X G. Cross-subject driver status detection from physiological signals based on hybrid feature selection and transfer learning[J]. Expert Systems with Applications, 2019 (137): 266-280.
[26] KATEINA B, VERONIKA S, OLGA V, et al. Analysis of driver reaction time using the acquisition of biosignals[C]//International Conference on Traffic and Transport Engineering, New York: IEEE, 2016: 68-74.
[27] LI S, BIE Y, WANG L, et al. Gradient illumination scheme design at the highway intersection entrance considering drivers light adaption[J]. Traffic Injury Prevention, 2022, 23(5): 266-270.
[28] WANG L, LI H, GUO M, et al. The effects of dynamic complexity on drivers' secondary task scanning behavior under a car-following scenario[J]. International Journal of Environmental Research and Public Health, 2022, 19(3). DOI: 10.3390/ijerph19031881.
[29] THIFFAULT P, BERGERON J. Monotony of road environment and driver fatigue: A simulator study [J]. Accident Analysis and Prevention, 2003, 35(3): 381-391.
[30] MAY J F, BALDWIN C L. Driver fatigue: The importance of identifying causal factors of fatigue when considering detection and countermeasure technologies[J]. Transportation Research Part F Traffic Psychology and Behaviour, 2009, 12(3): 218-224.

第 4 章
基于主客观数据的汽车人机交互界面表面触觉反馈方法

4.1 引言

随着汽车内饰智能化的发展，按钮等实体开关操控键逐步被光滑的触摸屏和触敏智能表面代替[1]，然而大多数触摸屏和智能表面无法提供物理控件所固有的被动触觉反馈。智能座舱需要安全高效的交互界面，驾驶涉及较高的视觉工作量，音频在现实驾驶情况可能会被环境背景音所掩盖，而触觉反馈可以通过皮肤向驾乘人员传递车辆信息，从而减轻驾驶时视觉和听觉的认知负荷[2-3]。人类在复杂情况下的感知和判断并不依赖于单一的感官模态，多模式输入和输出模态日益丰富了车内用户交互，缺少触觉反馈的虚拟按钮可能会降低用户操作体验，增加驾驶员的分心和错误，从而影响驾驶的安全性[4]。

汽车用户界面确认触觉是指改变控制元件操作状态的触觉反馈[1]。针对确认触觉，Beruscha 等[5]和 Pitts 等[6]的研究表明，点击虚拟按钮时的简单振动反馈显著减少了驾驶员视线离开道路的时间和主观感知工作量。赵秩男[7]针对汽车用户界面虚拟旋钮，通过静电力触觉反馈实现了物理旋钮的"顿挫感"。绝大多数关于提供确认触觉的研究为基于移动设备的虚拟按键渲染，触觉感知可以分为滑动触觉和顺应性触觉。滑动触觉平行于手指接触面，反映虚拟物体的几何形状与纹理；材料表面对外部力的响应和变形能力被称为顺应性[8]。顺应性触觉为垂直于手指接触面方向的动态感知，反映虚拟物体的柔性或刚度。Kildal[9]采用短暂振动响应按压，使用户感知到按压弹性材料的顺应性错觉，被广泛应用于人机交互中。Kim 等[10]、李萌芽[11]基于真实物理按键的力-位移曲线，结合顺应性错觉方法设计了多阶段振动触觉信号。

Sadia 等[12]采集真实物理按钮加速度数据，基于不同按钮驱动力进行振动加速度重现；De Pra 等[13]基于多种材料采集的加速度频域信息，渲染不同材料虚拟按钮按下和释放时衰减的振动触觉反馈。Wei 等[14]和 Liu 等[15]基于主观评价进行虚拟按钮渲染，探究不同振动参数下渲染的虚拟按钮的感知深度和粗糙度等变化。

目前，车辆用户界面虚拟按钮反馈只有简单的点击振动反馈，虚拟按钮的触觉渲染研究绝大部分是基于机械键盘按键，因此不适用于车内交互界面多种类按钮渲染。此外，现有研究只关注如何产生主观愉悦性的振动脉冲，或仅依靠客观数据进行触觉反馈再现，缺乏对主客观数据综合考量，无法在保留真实按钮顺应性等情况下提供多种按钮特征的触觉反馈。本章基于真实物理按钮交互力学特性数据提取不同类型按钮特征，同时结合用户主观体验进行虚拟按钮的触觉渲染，提出一种根据用户按压力导数进行幅值调制的渲染方法，在保留与物理按钮相似性的同时实现按钮的顺应性。最后，根据触觉感受将虚拟按钮与物理按钮进行匹配，以验证由此产生的触觉信号的真实性与有效性。

4.2 物理按钮数据采集与处理分析

4.2.1 测试系统

虚拟按钮的振动渲染设备可以响应触摸交互生成的振动触觉反馈，省去部分信号转换传输模块和连线，触觉反馈装置示意图如图 4-1 所示。触觉反馈测试系统总体可分为交互界面显示和触控传感模块、压力传感模块、压电电动机、电压放大器和计算机端（PC 端），各模块信号传输路线如图 4-2 所示。将电容屏（型号为 TJC3232T139_011C_F）作为实现交互界面的显示，同时作为触控传感模块定位手指的触控位置。将称重传感器作为压力传感器，从而进行更直接和准确的测量。PC 端包含一系列逻辑代码，通过通用串行总线（Universal Serial Bus，USB）串口接收从交互界面显示和触控传感模块输出的用户触控位置信息和从压力传感模块输出的手指压力大小，控制计算机声卡输出信号通过电压放大器驱动压电电动机（型号为 TDK-1919H021V120）产生预期振动加速度。

第4章 基于主客观数据的汽车人机交互界面表面触觉反馈方法

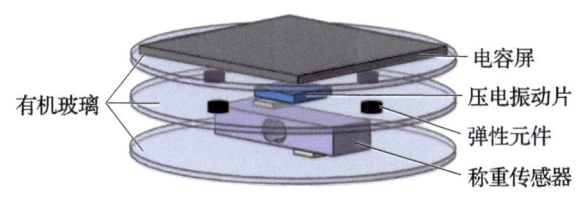

图4-1 触觉反馈装置示意图

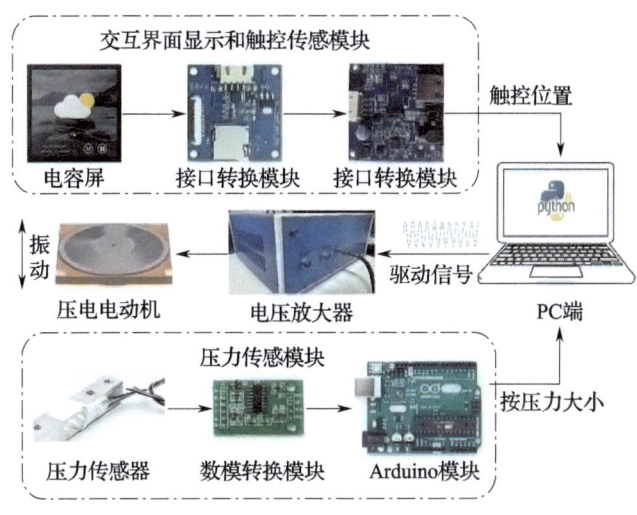

图4-2 触觉反馈试验测试系统示意图

4.2.2 物理按钮分类与数据采集

汽车上的按钮主要涉及功能的开关和调控，可分为维持按钮和瞬时按钮。涉及开关功能的按钮大多为维持按钮，按下后保持在开启状态，直到再次按下以解除锁定；调控按钮大部分为瞬时按钮，如调节收音机频道等用于输入数字的按钮，每次按下都会触发一次特定功能。如图4-3所示，选取切换开关（KCD1-105）、自锁按钮（三山 MS-800A2PLC）、复位按钮（PBS-11）作为研究对象，涵盖维持按钮和瞬时按钮类型。

采集按下真实物理按钮的力和加速度数据的实验装置示意图如图4-4所示。将压电加速度传感器（型号为 DH131E）安装在被测按钮顶部，动态系统（型号为 DH5922N）以1 kHz 的速率记录按钮垂直加速度数据；被测按钮由热熔胶固定在力感应表面，手指压力大小的记录是由固定在力感应表面和固定底座之间的压力传感器实现的，以 80Hz 的采集速率记录手指的按压力数据。10名实验者参与了数据收集实验，其中包括男性8名，女性2名，年龄为18~26

岁，平均年龄为 23.1 岁。实验者需用食指按压每个按钮 10 次，系统记录了手指按压力和按钮加速度变化。

图 4-3　切换开关、自锁按钮、复位按钮实物图

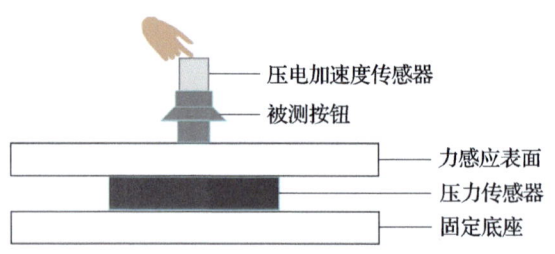

图 4-4　数据收集的实验装置示意图

4.2.3　数据处理与分析

对每组加速度数据进行 10Hz 的高通滤波，以消除用户手指移动和加速度传感器零点漂移带来的影响[12]，然后基于动态时间规整挑选最具代表性的加速度数据。动态时间规整是一种用于衡量 2 个时间序列之间相似度的方法，允许对 2 个时间序列进行非线性的时间拉伸和压缩，以找到 2 个时间序列之间的最佳匹配[16]。针对每个按钮，利用动态时间规整，首先从单个用户采集的加速度数据集中寻找与其余数据相似度最高的加速度数据，接着从 10 个用户的代表性加速度数据中筛选出最具代表性的加速度数据。

考虑到压电电动机的响应特性，通过正弦波幅值调制的方法重构原始加速度信号，重构加速度信号 $s(t)$ 计算式为

$$s(t) = A(t)\sin(2\pi f t)$$

式中，$A(t)$ 为幅值包络信息；f 为频率。因此，需要分析原始加速度数据的幅值包络和频域信息。希尔伯特变换是一种常见的信号处理方法，用于将实部信号转化为复数信号，从而提取信号的包络。利用希尔伯特变换得到加速度的幅

值随时间的变换,再通过快速傅里叶变换获得加速度信号的功率谱密度信息。3 种按钮的按压力、加速度幅值随时间的变化以及加速度信号的功率谱密度如图 4-5 所示。

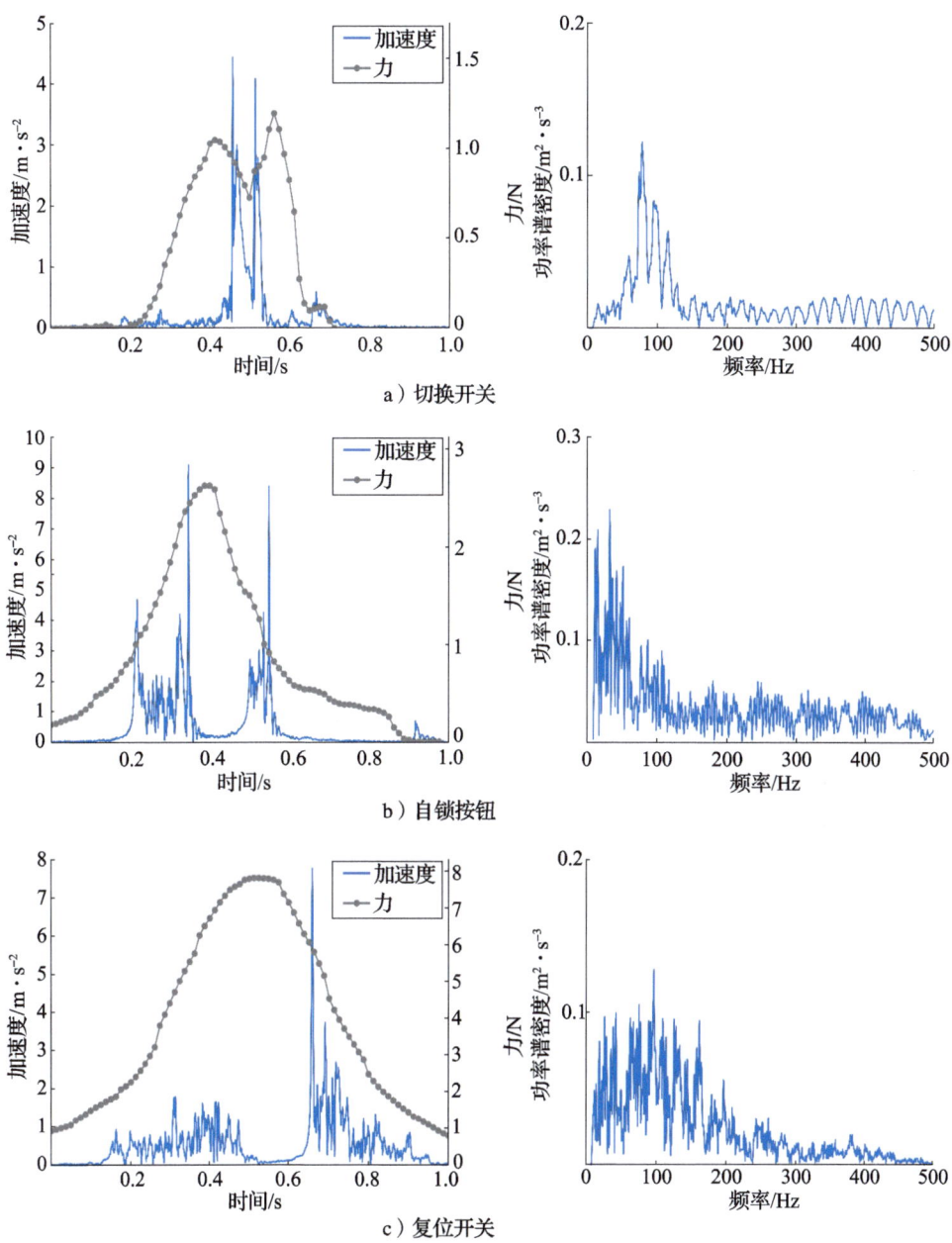

图 4-5　3 种按钮的按压力、加速度幅值随时间的变化以及加速度信号的功率谱密度

从频域来看,鉴于机械结构和材料等因素,功率谱密度均集中在100Hz以下。由于无法对频域进行完全的重现,基于对设备振动共振频率的考虑,将载波信号的频率f均定为100Hz。3种按钮按压力、幅值包络变化结果表明:①当手指压力达到一定值,切换开关内部机械结构的运动导致手指力的突变,同时加速度幅值突增;②自锁按钮的加速度可分为按压和释放过程,按压过程中持续存在一定加速度幅值,由于自锁按钮不具备复位功能,因此加速度幅值在按压力释放最后阶段先增加后减小;③复位按钮在按下后自动复位,当低于一定按压力时,按压和释放区间均检测到一定大小的加速度,而且加速度幅值在释放的开始阶段突增后逐渐减小。

4.2.4 基于按钮力学特征进行触觉渲染

根据原始加速度信号包络重构的加速度信号与原始加速度信号的时域和频域对比如图4-6所示。时域上轮廓相似,切换开关的原始加速度信号频谱和重构加速度信号的频谱相似,自锁按钮和复位按钮的重构加速度信号的频谱集中在100Hz,与原始加速度数据的频谱相差较大。

为提取3个按钮的关键特征,将重构加速度信号基于按压力进行分段,触觉渲染的具体设计为:对于切换开关,振动反馈集中在按压驱动开关状态切换的时刻,自锁按钮和复位按钮的触觉反馈根据按压力大小分为按压和释放两阶段。按压触觉反馈的力触发时刻皆为大于1.0N,自锁按钮和复位按钮的释放触觉反馈的力触发时刻分别为小于1.5N和小于6.0N。如图4-6所示,黑色虚线间的信号为截取的按压阶段的振动反馈,灰色虚线之间的信号为释放阶段的振动反馈。

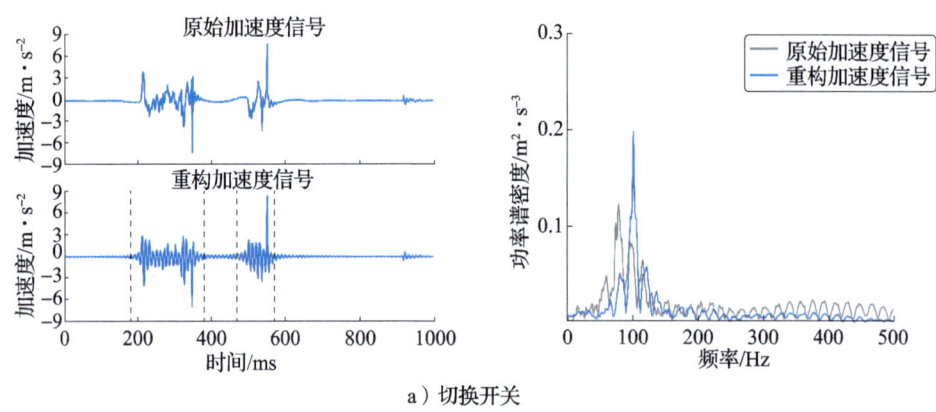

a) 切换开关

图4-6 原始加速度信号和重构加速度信号的时域和频域对比及重构加速度信号的截取

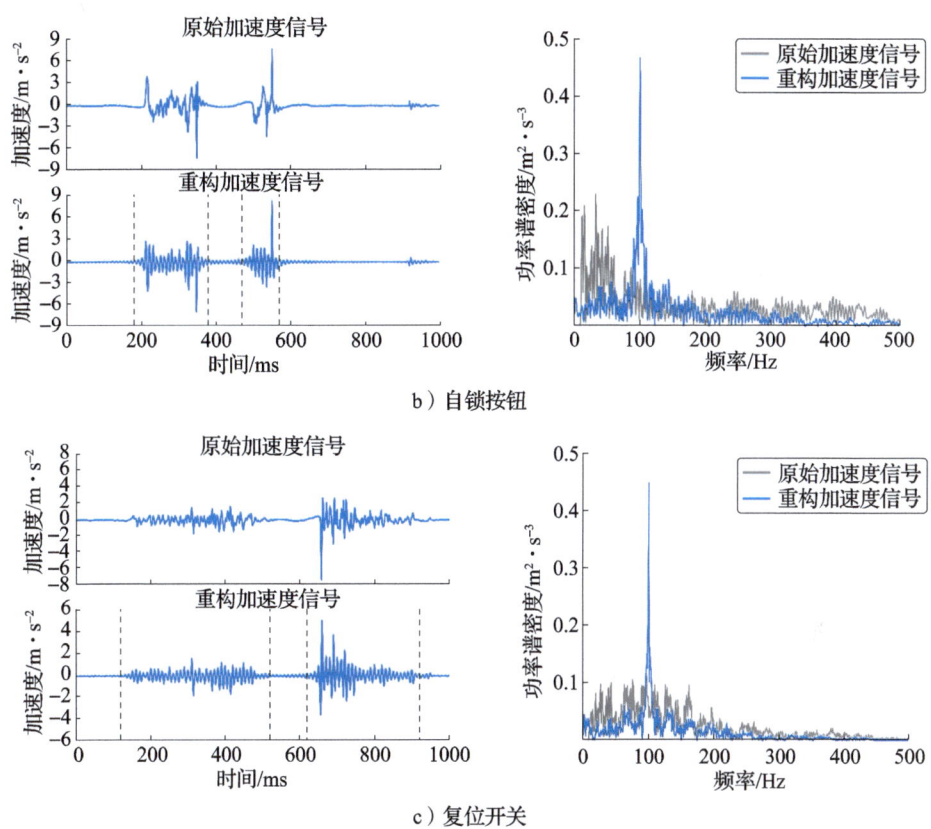

图4-6 原始加速度信号和重构加速度信号的时域和频域对比及重构加速度信号的截取（续）

4.3 复位按钮的顺应性再现

相比于切换开关和自锁按钮较为坚硬且不均匀的触觉感知，复位按钮由于其内部弹簧回弹的特性，故按下和释放的过程仿佛在持续按压弹性柔软的物体，因此进一步探索了如何利用触觉反馈向在硬表面上施加力的用户重现虚拟复位按钮的顺应性，研究了不同方法对用户主观偏好的影响。

4.3.1 顺应性颗粒法和复位按钮力与加速度关系

在力的作用下发生位移或变形的物体中，都有一个由摩擦引起的力的分量，该力的分量与手指运动的方向相反，并以3种可能的方式表现出来：反对运动的力、振动和声音。由此可以假设，由运动摩擦产生的振动是有用的皮肤触觉提示，帮助用户获得按压材料顺应性的感觉。Kildal[9]首次提出了摩擦颗粒弹簧模型,如图4-7所示。用户按压具有弹簧特性的材料表面,该材料沿 Z 轴(垂直于表面)位移,并且在按压释放的来回位移中克服了许多摩擦颗粒,被感知为离散的振动。基于摩擦颗粒弹簧模型生成的颗粒振动反馈(颗粒法)被广泛应用于人机交互中[10-11],向用户手提供短暂振动(颗粒信号),该颗粒信号沿着按压力曲线均匀分布,可以让用户感知到按压弹性材料表面的错觉。

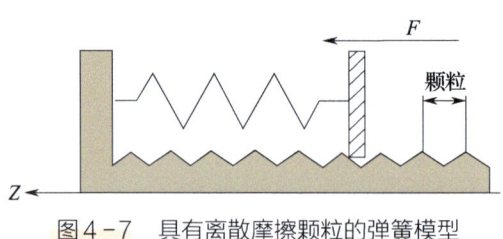

图4-7 具有离散摩擦颗粒的弹簧模型

通过重现不变的振动加速度进行复位按钮按压和释放阶段的触觉渲染,可能无法帮助用户感知到按钮的顺应性。基于复位按钮的真实按压力和加速度数据,找出加速度与按压力之间的规律,实现顺应性错觉。采用样条插值对时间和力进行插值,力的导数和加速度包络在时间上的变化如图4-8所示。由图可见,高幅值的加速度集中在力导数的加速度幅值极值处,因此本章提出基于按压力导数的加速度幅值调制方法(dF/dt 法),期望振动反馈加速度幅值变化 $A(t)$ 在按压期间和释放期间与按压力导数成不同系数的正比。如图4-8所示,对比实际采集到的加速度幅值和根据 dF/dt 法调制的期望加速度幅值,除了释放最初时的加速度幅值相差较大,其余时刻存在一定的相似趋势。

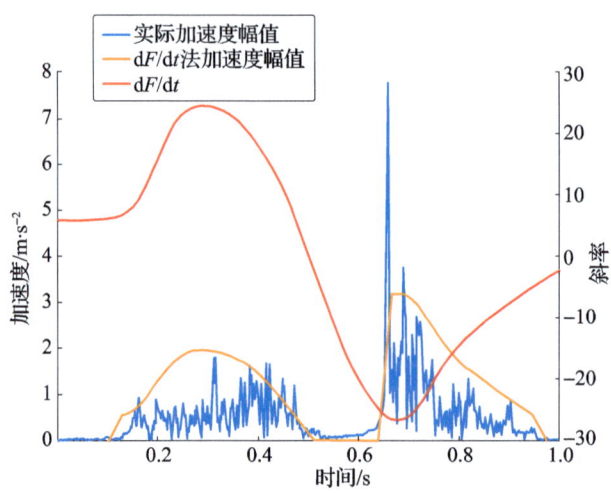

图4-8 实际加速度幅值和 dF/dt 法得到的期望加速度幅值对比

4.3.2　3 种复位按钮触觉反馈方法的比较

4.2.4 节阐述了复位按钮基于真实数据驱动的反馈方法（数据驱动法），4.3.1 节阐述了颗粒法的原理和本研究提出的 dF/dt 法。颗粒法在人机交互中被广泛运用，然而由于振动颗粒在时间上离散分布，颗粒法的振动触觉反馈可能让人感到粗糙颠簸，会对用户主观体验产生不利影响，因此，将数据驱动法、颗粒法、dF/dt 法进行对比，探究这 3 种方法在模拟真实复位按钮的触觉相似性、顺应性、平滑性、用户主观偏好的表现优劣。

为了平衡相关参数，3 种方法的触觉驱动信号的基础信号皆为 100Hz 的正弦波，驱动力区间保持一致。参考 Kim[10] 的研究，颗粒信号幅值包络为周期为 18ms 的倒锯齿波，颗粒法中的颗粒间隔设置为 0.0625N，即按压力每改变 0.0625N，颗粒信号驱动系统进行一次非常短暂的振动反馈，同时调整了颗粒法的振动反馈幅值，使得用户对于颗粒法和 dF/dt 法感知到的振动强度较为相似。采用视觉模拟尺度评分法，通过 4 对形容词对 3 种方法进行主观评估，分别为刚性-顺应性、颠簸的-平滑的、不愉快的-愉快的、不相似的-相似的。实验评价界面如图 4-9 所示，每条水平线左右两端对应一对相反的形容词，初始时滑块处于中间。10 名实验者参与了本次实验，其中男性 8 名，女性 2 名，年龄为 18～26 岁，平均年龄为 23.1 岁。每次实验持续时间约为 20min，参与者可以根据自身需要重复感知不同方法带来的触觉感受，操纵滑块进行形容词程度评价。

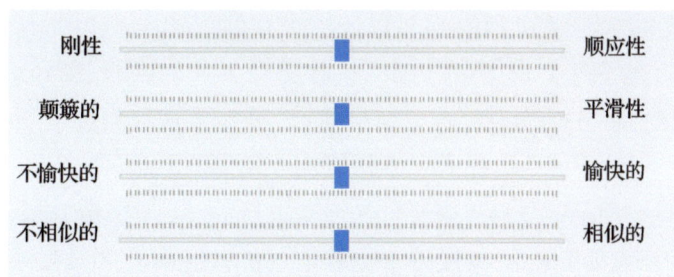

图 4-9　实验评价界面

3 种方法的 4 对形容词初始评分箱形图如图 4-10 所示。可以观察到，除去部分离群值，在刚性-顺应性、颠簸的-平滑的和不相似的-相似的形容词对评分上，dF/dt 法相对于颗粒法、数据驱动法中位线明显偏高，变异性较小，触觉感知偏向顺应、平滑，与真实复位按钮相似。在不愉快的－愉快的形容词对评分上，数据驱动法和 dF/dt 法中位线高于颗粒法，且变异性较小。

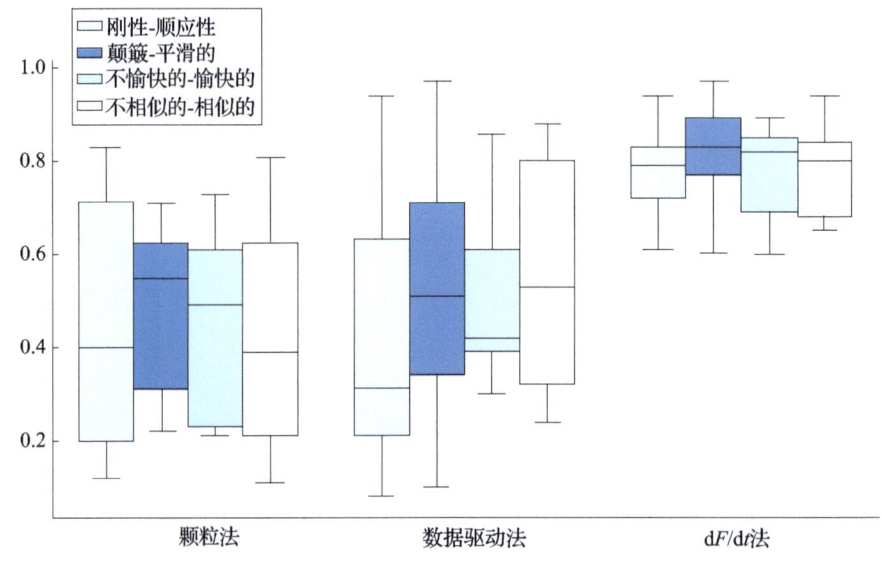

图 4 – 10　形容词初始评分箱形图

即使在相同的感知条件下，不同参与者的评分也可能存在差异，直接对初始评分进行平均，会导致参与者之间的权重失衡，因此需要对数据进行标准化。对于每个形容词对，计算所有参与者对所有方法评分的几何平均值 α，以及每个参与者对所有方法评分的几何平均值 β，随后将每个参与者对每个方法评分乘以 α/β，得到最终的标准化值，以保留不同方法感知差异的比例特征[17]。标准化后 3 种方法对应 4 个形容词对评分的平均值如图 4 – 11 所示。由于评分数据违反了方差齐性，采用弗里德曼检验进行 3 种方法的差异分析，以 p 值 0.05 作为显著性水平的判断标准。结果显示，3 种方法在刚性－顺应性、颠簸的－平滑的、不愉快的－愉快的和不相似的－相似的形容词对上均存在显著差异（$p < 0.05$）。使用威尔科克森符号秩检验进行成对比较：在刚性－顺应性评分上，dF/dt 法感知到的顺应性高于颗粒法（$p = 0.008$）和数据驱动法（$p = 0.008$）；dF/dt 法较颗粒法（$p = 0.036$）和数据驱动法（$p = 0.008$）更为平滑；dF/dt 法较颗粒法（$p = 0.036$）更为愉快，但与数据驱动法相比没有显著差异；dF/dt 法相比于颗粒法（$p = 0.011$）和数据驱动法（$p = 0.011$）在与复位按钮真实触觉感知的相似性表现上更好。

第 4 章　基于主客观数据的汽车人机交互界面表面触觉反馈方法

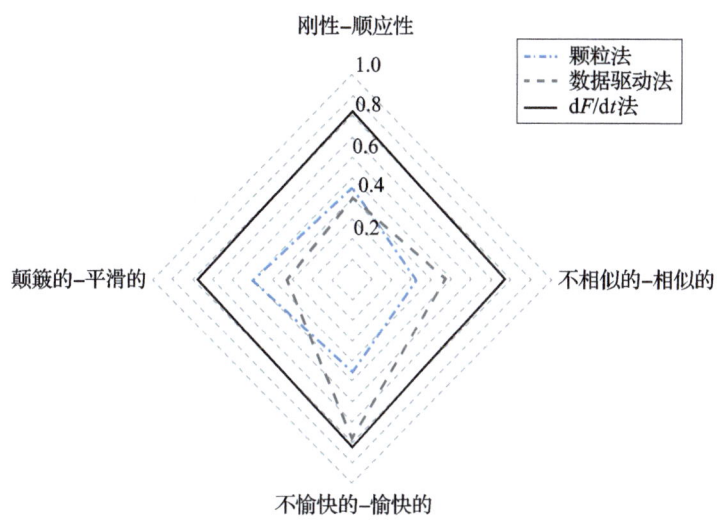

图 4-11　标准化形容词评级平均值的对比雷达图

颗粒法已被许多研究证明其在恢复弹性物体的顺应性上的有效性，基于真实弹性复位按钮采集的加速度数据的数据驱动法在顺应性表现上与颗粒法相似，而 dF/dt 法不仅同样能带来顺应性的错觉，表现还优于颗粒法。在颠簸的 – 平滑的表现上，颗粒法和数据驱动法较 dF/dt 法感知较为粗糙可能是颗粒法不连续的振动和数据驱动法在时域上的加速度值激增导致的，而 dF/dt 法在振动时域上连续且加速度幅值变化较为均匀。基于以上分析得出，相比于颗粒法和数据驱动法，dF/dt 法在模拟真实复位按钮的按压触觉、顺应性、平滑性、用户主观偏好上表现最优。

4.4　3 种类型虚拟按钮匹配实验

结合顺应性设计了切换开关、自锁按钮、复位按钮的反馈方式，为了验证用户能否通过以上主动触觉反馈方式感知到按钮的关键特征，进行匹配实验。匹配实验共分为 3 步：第 1 步，参与者分别按下 3 个物理按钮多次，以熟悉按下不同按钮所产生的触觉反馈；第 2 步，参与者按下虚拟按钮，随机收到不同种类按钮的触觉反馈，每种按钮类型共出现 3 次，要求参与者将其与物理按钮相匹配，并确认了选择的正确性；第 3 步，每种按钮类型共出现 10 次，参与者完成 30 次按下虚拟按钮的实验，随机收到不同种类按钮的触觉反馈，并要求参与者选出相对应的真实按钮类型。因此实验的随机水平为 33.3%。实验共采集了10名实验者数据，实验者包括女性2名，男性8名，年龄为21~26岁，平均年龄为23.3岁。刺激-响应混淆矩阵如图4-12所示。

从准确率、精确率、识别率对结果进行分析，准确率是全部样本中预测正确的比例，数值为94.33%。每个按钮类型的精准率和识别率，见表4-1。精确率表示正确选择某种按钮类型占所有选择这种按钮类型的比例，识别率表示实际为某种类型的样本中识别到这种类型的占比。

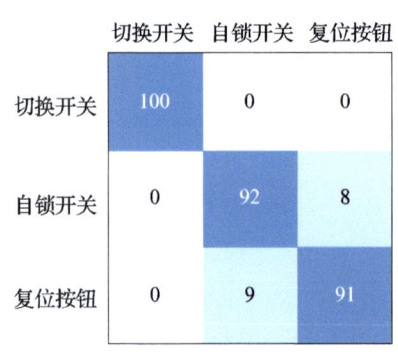

图4-12　刺激-响应混淆矩阵

表4-1　3种按钮指标比较

按钮类型	精确率	识别率
切换开关	100%	100%
自锁按钮	91.10%	92%
复位按钮	91.90%	91%

为分析3种虚拟按钮反馈方式对用户表现的影响，采用弗里德曼检验进行精确率和识别率的差异分析，然后采用威尔科克森符号秩检验进行成对比较。结果显示，切换开关相对于复位按钮（$p<0.05$）和自锁按钮（$p<0.05$）具有最高的精确率和识别率，而复位按钮和自锁按钮的精确率和识别率没有显著区别。所有实验者都能准确识别出切换开关的触觉反馈，并且不会将其他按钮类型的类型与之混淆，这可能是因为切换开关的触觉反馈仅存在于按压期间，而自锁按钮和复位按钮在按压和释放阶段均存在主动触觉反馈，存在将两者混淆的可能。然而，如表4-1所示，绩效指标概率均远远高于33.3%，准确率高达94.33%，因此可以认为，设计的3种类型虚拟按钮的主动触觉反馈方式一定程度上保留了其对应的真实物理按钮的特征属性，当驾乘人员操控智能表面或触摸屏的虚拟按钮时，可以仅通过触觉感知进行按钮类型和按钮状态切换的识别。

4.5 结论

1）采集了 3 种真实物理按钮的按压力和加速度数据，对加速度数据进行了高通滤波；运用动态时间规整算法提取特征信号，并用希尔伯特变换提取其包络并进行幅值变化分析。重构加速度信号，然后根据各物理按钮特征基于按压力分段提取特征加速度信号。

2）结合真实采集的加速度和按压力数据，提出一种根据用户按压力导数进行振动幅值调制的触觉反馈方法，恢复顺应性的同时更好地模拟了复位按钮的触觉感知。

3）要求实验者根据触觉感受将虚拟按钮与物理按钮类型进行匹配，刺激-响应混淆矩阵准确率高达 94.33%，表明提出的基于真实数据、结合主观感受进行设计的触觉反馈有效恢复了物理按钮的感知特性，可以帮助驾乘人员进行无视觉需求的人车界面交互。

参考文献

[1] BREITSCHAFT S J, CLARKE S, CARBON C C, et al. A theoretical framework of haptic processing in automotive user interfaces and its implications on design and engineering[J]. Frontiers in Psychology, 2019. DOI：10.3389/fpsyg.2019.01470.

[2] YOREN G, ANATOLE L. The use of haptic and haptic information in the car to improve driving safety: A review of current technologies[J]. Frontiers in Ict, 2018. DOI：10.3389/fict.2018.00005.

[3] MURALI P, KABOLI M, DAHIYA R. Intelligent in-vehicle interaction technologies[J]. Advanced Intelligent Systems, 2021. DOI：10.1002/aisy.202100122.

[4] TUNCA E, ZOLLER I, LOTZ P. An investigation into glace-free operation of a touchscreen with and without haptic support in the driving simulator[C]//10th ACM International Conference on Automotive User Interfaces and Interactive Vehicular Applications. New York：ACM, 2018：332-340.

[5] BERUSCHA F, KRAUTTER W, LAHMER A, et al. An evaluation of the influence of haptic feedback on gaze behavior during in-car interaction with touch screens[C]//2017 IEEE World Haptics Conference (WHC). New York：IEEE, 2017：201-206.

[6] PITTS M J, BURNETT G, SKRYPCHUK L. Visual-haptic feedback interaction in automotive touchscreens[J]. Displays Technology and Applications, 2012, 33(1)：7-16.

[7] 赵秩男. 车载终端界面的触觉反馈技术[D]. 长春：吉林大学, 2023.

[8] ADILKHANOV A, YELENOV A, REDDY R S, et al. Vibero：Vibrotactile stiffness perception interface for virtual reality[J]. IEEE Robotics and Automation Letters, 2020, 5(2)：2785.

[9] KILDAL J. 3D-press：Haptic illusion of compliance when pressing on a rigid surface[C]//International Conference on Multimodal Interfaces and the Workshop on Machine Learning for Multimodal

Interaction. New York: ACM, 2010: 1-8.
[10] KIM S, LEE G. Haptic feedback design for a virtual button along force-displacement curves[C]// Proceedings of the 26th Annual ACM Symposium on User Interface Software and Technology. New York: ACM, 2013: 91-96.
[11] 李萌芽. Virtual 按键的触觉反馈建模与渲染[D]. 长春: 吉林大学, 2021.
[12] SADIA B, EMGIN S E, SEZGIN T M, et al. Data-driven vibrotactile rendering of digital buttons on touchscreens[J]. International Journal of Human-Computer Studies, 2021. DOI: 10.1016/j.ijhcs.2019.09.005.
[13] DE PRA Y, PAPETTI S, FONTANA F, et al. Haptic discrimination of material properties: Application to virtual buttons for professional appliances[J]. Journal on Multimodal User Interfaces, 2020, 14(3): 255-269.
[14] WEI Q H, LI M, HU J, et al. Perceived depth and roughness of virtual buttons with touchscreens[J]. IEEE Transactions on Haptics, 2022. DOI: 10.1109/TOH.2021.3126609.
[15] LIU Q, TAN H Z, JIANG L, et al. Perceptual dimensionality of manual key clicks[C]//2018 IEEE Haptics Symposium. New York: IEEE, 2018: 112-118.
[16] NAI W Z, LIU J Y, SUN C Y, et al. Vibrohaptic feedback rendering of patterned textures using a waveform segment table method[J]. IEEE Transactions on Haptics, 2021, 14(4): 849-861.
[17] MADDALÉNA M, MIZZARO S, SCHOLER F, et al. On crowdsourcing relevance magnitudes for information retrieval evaluation[J]. ACM Transactions on Information Systems, 2018, 35(3): 19-32.

第 5 章
L3 级自动驾驶接管过程驾驶员情景意识与操纵绩效研究

在 L3 级自动驾驶功能执行期间，由于无须时刻监管车辆，驾驶员往往会处于脱离驾驶任务的状态，并可能从事各种与驾驶无关的任务。这种情况下他们对驾驶环境的感知理解将减弱，尤其是在长期从事驾驶无关活动之后，接管车辆重新回到驾驶任务中进行驾驶操纵将极具挑战性。要保证驾驶员安全高效地完成接管车辆控制的操纵，有必要对驾驶员接管前的准备情况以及系统与驾驶员之间的信息交互进行研究。本章针对驾驶员接管准备情况，进行了接管过程中驾驶员在从事不同类型的非驾驶相关任务下的驾驶员情景意识研究。在 PreScan + Simulink 联合仿真环境下，搭建 L3 级自动驾驶功能与仿真场景的驾驶模拟器平台进行实验，通过情景意识问卷与驾驶员眼动行为测量对情景意识准备情况进行讨论分析。从实验结果分析中得出，接管请求前参与占据感官模态更多、涉及的认知类型更多的非驾驶任务，认知负荷更高，使得参与者在驾驶过程中的注意力更少地集中在驾驶任务上，对于驾驶场景中的环境元素的关注减少，视觉搜索效率随之降低，说明了驾驶员的视觉准备对自动驾驶接管的重要性。接管过程中，对驾驶场景的注意力分配更多、在驾驶环境的注视时间更长、视觉搜索范围更大，会有更好的情景意识。然后，针对系统与驾驶员之间的信息交互问题，进行了驾驶员在不同可视化辅助规划信息下的接管行为和接管绩效的研究。通过模拟器平台构建仿真场景进行实验，对比分析了实验中记录的操作类型、反应时间和行车数据。结果显示，与仅提供接管信息的 HMI 相比，提供了辅助规划信息的 HMI 接管操作成功率更高，能够帮助驾驶员做出更优的避障决策。可视化辅助规划信息对于注视反应时间和接管操作的反应时间不存在显著影响，而在最大方向盘转角、方向盘转角标准差、最大合加速度这几个指标上表现出明显的提升。以上分析说明了在自动驾驶接管过程中提供可视化辅助规划信息有助于改善驾驶员的决策,提升接管绩效,使驾驶员更平稳安全地控制车辆。

5.1 引言

自动驾驶汽车能够有效减轻驾驶员负担,提升道路交通运行效率,是现代汽车工业发展变革的突破点。SAE 发布的 J3016 标准中明确了在 L0~L5 不同自动驾驶等级下,驾驶员与自动驾驶系统的责任范围以及自动驾驶系统的功能内容[1]。其中,L3(有条件自动驾驶)是自动驾驶技术发展过程中的一个重要阶段。在此阶段,人类驾驶员可以将动态驾驶任务(Dynamic Driving Task,DDT)移交给自动驾驶系统,由系统控制车辆在其设计运行域(Operational Design Domain,ODD)内运行。如图 5-1 所示,一旦自动驾驶系统发生系统故障或超出其限定的 ODD 范围时,会导致其无法可靠地执行 DDT,进而造成事故,因此需要进行人工干预。系统会对驾驶员发出接管请求(Take-over Request,TOR),驾驶员需要及时做出响应并接管车辆。然而,由于在有条件自动驾驶期间驾驶员不需要监控车辆,其手、脚、眼睛和大脑通常处于"脱离环路"状态(Out-of-the-Loop,OOTL),并可能从事各种与驾驶无关的任务(Non-Driving Related Tasks,NDRT)[2]。这种情况下他们对驾驶环境的感知理解将减弱,尤其是在长期从事驾驶无关活动之后,重新回到在环状态进行驾驶操纵将极具挑战性[3]。

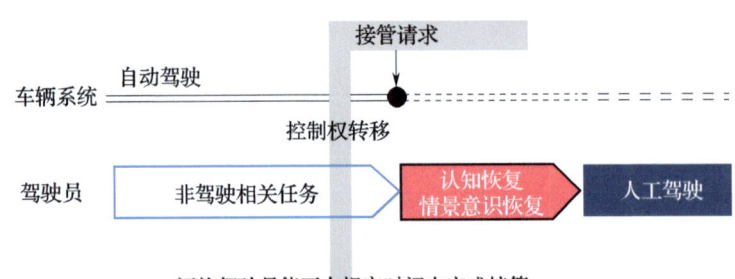

图 5-1 L3 自动驾驶接管过程

近年来,许多专家学者围绕驾驶员参与 NDRT 对于自动驾驶接管表现的影响进行了研究,得出了一系列重要结果。例如,Naujoks 等人通过自动驾驶实车实验研究提出为使工作负荷维持稳定,驾驶员会在负荷过低时更多地参与 NDRT[4]。Dogan 等人研究表明,NDRT 使得驾驶员反应能力下降,接管时间增加,但是对于车辆的横向控制没有影响[5]。钮建伟等人对驾驶员玩游戏和打电话状态下的接管过程进行了探索，对驾驶员在收到 TOR 后立即接管和收到 TOR 并发现冲突再接管两种模式进行了对比[6]。林子鉴等人对自动驾驶中看书与使用手机等 NDRT 后接管反应进行了研究[7]。王抢等人讨论了视觉和听觉两种类型的 NDRT 对视觉搜索能力的影响[8]。鲁光泉等研究表明，年轻驾驶员参与视觉非驾驶相关任务时会显著增加接管时间[9]。而在 Frederik 等人的研究显示，在部分自动化车辆中驾驶员从事非驾驶相关任务会降低接管时间，有助于驾驶员在自动驾驶时保持警觉性；在高度自动化车辆中非驾驶相关任务对驾驶接管时间却没有影响[10]。Ebru 的研究也得到了相似的结论，非驾驶相关任务并没有对自动驾驶接管产生显著影响[11]。此外，Lin 探究了驾驶员参与非驾驶相关任务的思维模式，当驾驶员预计危险事件发生率较低时，参与非驾驶相关任务时可能会很少关注道路状况[12]。

从自动驾驶到人工驾驶的过程，意味着驾驶员需要从离环状态转换到在环状态，该过程驾驶员接管准备情况和系统与驾驶员之间适当的信息交互至关重要。接管请求发出后，驾驶员的接管准备将取决于驾驶员正在从事的 NDRT 行为状态和其个体反应特性[13]。Zeeb 等人的研究显示了从自动驾驶到人工驾驶的接管控制过程，从一些突发事件引起接管请求开始，驾驶员会逐步启动涉及视觉、认知和身体等方面的准备过程[14]。驾驶员在该准备过程需要对周围环境有良好的了解，也就是需要有良好的情景意识（Situation Awareness，SA）。SA 是在一定的时空范围内对环境要素的感知、理解，以及对未来状态的预测[15-16]。Kass 等人发现，开车时打电话会导致对驾驶情况理解的不准确，SA 较差[17]；Heenan 等人的研究表明，开车时进行交谈也会使驾驶员的 SA 变差，会导致速度保持得不稳定[18]；Parker 等人研究发现，有经验的驾驶员对驾驶环境及其带来的风险有着相似的理解，不同年龄驾驶员的 SA 存在很大的差异[19]。此外，对于 SA 的评价的研究也逐渐发展成熟，SA 全局评估技术（Situation Awareness Global Assessment Technique，SAGAT）、情景现状评估方法（SPAM）等直接 SA 测量方法和通过生理指标的间接测量方法在研究中应用较多[20]。

5.2 自动驾驶接管过程解析

5.2.1 自动驾驶接管过程

从自动驾驶到人工驾驶的接管过程，意味着驾驶员需要从环路外状态转换到环路内状态，并重新取得车辆的控制权。控制权的转变也代表了驾驶员责任的恢复，包括对车辆的横向和纵向控制、对其他道路使用者和驾驶环境的监控，以及与车辆仪表盘和自动化系统的交互[21]。自动驾驶接管有非紧急的情况和紧急的情况。在非紧急接管的情况下，自动驾驶系统发出TOR后，驾驶员以根据自身情况恢复手动控制的方式响应系统的接管请求[22]。紧急接管是由突发事件引发的（例如意外出现的车道障碍物），可能会也可能不会伴随TOR，取决于自动驾驶系统检测是不是需要人为干预（例如，由于传感器自身感知出现问题，系统可能不知道此时没有正确地跟踪车道标记线）。

以往的研究一般认为，在紧急接管情况下，驾驶员安全恢复对车辆控制的能力取决于对自动驾驶系统和外部道路环境的监控程度[21]以及自身的准备情况，例如手是否放在方向盘上，脚是否放在踏板上[14]。因此，驾驶员接管车辆恢复控制的过程可能涉及身体、认知和视觉多个层面[23-24]。接管过程如图5-2所示。在图中，自动驾驶接管从一些突发事件（例如接管请求）的出现开始，涉及启动身体、视觉和认知的准备过程。身体层面的准备过程包括运动准备和动作执行；运动准备过程将手重新放在方向盘上，将脚重新放在踏板上；动作执行阶段执行所选择的躲避障碍动作所需的转向或制动输入。视觉层面的准备过程包括将视线重新转向前方场景，然后扫描道路以收集信息来支持驾驶员的决策。认知层面的准备过程包括认知准备、行动选择和行动评估。接管后，驾驶员回归驾驶任务，过渡到手动驾驶状态。

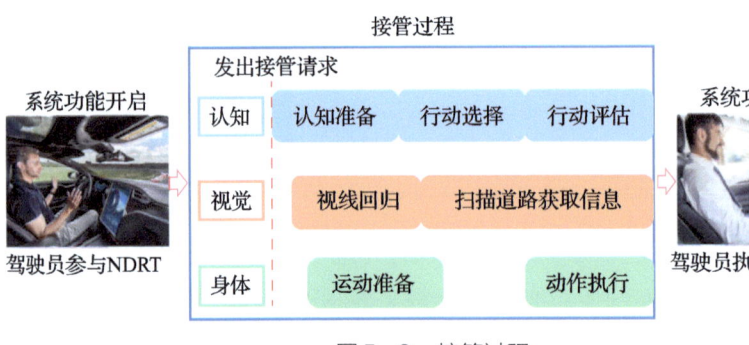

图5-2 接管过程

Parasuraman等人基于人类信息处理模型提出的自动化框架指出，自动化系统可应用于以下四个阶段：信息采集、信息分析、决策选择和行动实施。根据Zeeb等人[14]和Kerschbaum等人的说法，从自动驾驶系统接管车辆控制涉及多个心理和身体阶段。驾驶员恢复控制必须经历以下阶段：①将视觉注意力从非驾驶任务转移到道路上；②扫描驾驶场景，对交通环境进行认知处理和评估，并做出适当的决策;③将手和脚移动到方向盘和踏板上,以便进行控制输入;④通过方向盘和/或踏板执行适当的操作。驾驶员在接管场景中的表现也可以在控制水平和决策水平上进行描述。例如,重新操作方向盘和稳定车辆运动发生在控制水平,而识别障碍物和选定避障路线是决策水平的行为。自动化框架的各个阶段与自动驾驶接管过程中的信息处理阶段之间存在相似性。

5.2.2 非驾驶相关任务

非驾驶相关任务(NDRT)是驾驶员在自动驾驶过程中执行的任何与驾驶无关的活动。在 L3 级自动驾驶过程中,驾驶员可能会从事多种 NDRT,这种情况下他们对驾驶环境的感知理解将减弱,尤其是在长期从事驾驶无关活动之后,接管车辆重新回到在环状态进行驾驶操纵将极具挑战性[3]。研究中要求驾驶员参与的 NDRT 可以分为人工任务和自然任务,其中人工任务是指高度可控且任务完成度可验证的 [例如,替代参考任务(Surrogate Reference Task, SuRT)或 n-back 任务],自然任务为现实生活中会发生的活动(例如,阅读或与车内设备交互),它们是部分受控的。NDRT 根据占据驾驶员手、眼、脑等感官模式的不同,可分为认知类型 NDRT、视觉类型 NDRT、动作类型 NDRT 以及组合类型 NDRT。NDRT 可以在手持或固定安装的设备上执行,其中在手持设备上进行的 NDRT 会显著增加接管时间。此外,NDRT 显著影响接管后控制和动作选择。如果驾驶员从事非驾驶相关任务,他们比未从事非驾驶相关任务的驾驶员更容易制动。然而,接管时间的增加和由此产生的接管后控制之间存在混淆,其中接管后控制减少的来源尚不清楚。

5.2.3 接管请求

检测到系统失效后,需要及时地通过系统 HMI 向驾驶员传递 TOR 信息。由于接管请求的紧迫性,自动驾驶系统与驾驶员的交互需要是动态的,并且信息需要显示在车辆内的显著位置,以吸引驾驶员的注意。

当 L3 级(有条件自动驾驶)车辆达到其功能极限,并向驾驶员发出 TOR 时,意味着自动驾驶系统无法再安全地执行操作,需要驾驶员干预接管车辆控制。尽管不再能够执行操作,但系统仍可能通过 HMI 给出辅助规划信息,帮助驾驶员做出决策。HMI 可以显示其余三个自动化阶段(即信息采集、信息分析和决策选择)的可用信息[22]。例如,由组合仪表盘上的通知图标和听觉信号组成的 TOR[23],通常被视为低水平的信息采集人机交互,因为这里的 HMI 仅通知驾驶员需要接管，而驾驶员需要从全面扫描驾驶环境开始处理环境信息。较高水平的信息采集 HMI 会将驾驶员的注意力吸引到环境中的重要元素上。提供周围交通状况信息（例如，相邻车道空闲或占用）的则属于信息分析 HMI。提供建议措施（例如，改变车道或进行制动）的界面属于决策选择 HMI。自动驾驶车辆的 HMI 可以使用不同的交互方式将 TOR 信息传递给驾驶员。传递信息的方式可以分为以下几种，在表 5-1 中总结了各种交互方式的特点[14,23-37]。

表 5-1 TOR 交互方式

交互方式	类型	优点	缺点	参考文献
视觉	图像	可同时传递大量的信息	分心的驾驶员可能错过 TOR 信息	[14]，[23-28]，[35]
	氛围灯	容易引起分心驾驶员的注意，不造成较大的认知负荷	传达的信息种类较多时，可能难以理解	[29-31]
	HUD	便于理解，信息获取效率较高	需要 HUD 设备	—
听觉	警告音	不需要视线离开道路	传达的信息对驾驶员来说可能不清楚直观	[14]，[23-24]，[26]，[28]，[32-33]
	语音	信息清晰明确，不需要视线离开道路	传送紧急信息所需的时间较长，比声音信号需要更多的注意力资源	[24]，[27]，[34-35]
触觉	振动	突然强烈不容易忽视，不占用视觉注意力	能够传递的信息数量有限，不直观	[27]，[32]，[36-37]

许多先前关于自动驾驶接管场景的研究都提供了简单的听觉和视觉警告信号，以向驾驶员传达 TOR。听觉和振动刺激已被证明比视觉刺激能激发更短的反应时间，这可能是由于听觉和振动触觉反馈对感知资源的需求比视觉反馈少，而驾驶主要是一项视觉任务[38-44]。此外，与单一交互方式相比，基于听觉、视觉和触觉组合的多模态交互信息，能够使驾驶员更快速地回归驾驶任务，使驾驶员对 TOR 的反应时间有了轻微的改善[45-46]。

自动驾驶 HMI 除了可以向驾驶员发出 TOR 外，还可以辅助支持驾驶员做出决策。例如，研究中提到振动触觉交互在传递复杂信息方面不是特别有效，而视觉和语音信息可以传达与周围场景相关的复杂信息。因此，可以将警报音和振动信号作为向驾驶员发出警告的方式，引起驾驶员注意并快速响应；而将视觉和语音信号作为向驾驶员传达语义的方式，协助认知处理并给出决策辅助。在 L3 级自动驾驶过程中如何实现向驾驶员准确全面地传递 TOR，以及哪些信息必须被传递仍然是需要进一步研究的问题。

5.2.4 情景意识

在自动驾驶接管过程中，成功地重新控制车辆需要对周围环境有良好的了解，也就是需要有良好的情景意识（SA）。简单来说，情景意识就是"了解你周围正在发生的事情"，并了解"在各种 SA 需求中正在发生的事情，以便能够确定在哪里最能集中注意力以获取更详细的信息"[15]。然而，在驾驶中，SA 被定义为对多方面情况的更新的、有意义的知识，驾驶员使用这些知识来指导选择和行动[16]。

研究中最广泛使用的 SA 框架概念是三层级结构，包括操作员在一定时间和空间范围内对环境中元素的感知、对其含义的理解，以及对其在不久的将来状态的预测[15]。例如在驾驶环境中的一个典型例子是，当一名驾驶员正在接近一个十字路口时，1 级 SA 涉及识别其他三个路口位置的任何车辆，2 级 SA 代表驾驶员对十字路口每辆车辆到达顺序的理解，3 级 SA 反映驾驶员对何时通过路口的决定。随后的一系列研究在此三层级结构基础上扩展了定义。例如，Bedny 等人强调感知的积极性和周期性，并将 SA 描述为个体对环境信息的持续提取，将这些信息与之前的知识整合，形成连贯的心理画面，以及在指导未来感知和预测未来事件时使用该画面[47]。Landry 将 SA 描述为情境潜在特征的反映，或"包含逻辑概念、想象、有意识和无意识成分的动态反映，使个体建立外部事件的心理模型"[48]。

对于自动驾驶，特别是 L3 级（有条件自动驾驶），其中的自动驾驶系统处理大部分车辆动态驾驶任务，驾驶员的 SA 将在接管绩效中发挥关键作用。这是因为驾驶员成功恢复对车辆控制的能力取决于他们在发出接管请求（TOR）时的驾驶环境 SA 和/或他们在接管行动之前重新建立 SA 的能力。

5.2.5 自动驾驶接管绩效及影响因素

以往的研究中，许多专家学者围绕驾驶员与自动驾驶系统之间的接管过程的影响因素进行了研究。已经发现的影响接管绩效的因素包括接管开始时的碰撞时间（即接管时间预算）、非驾驶相关任务、接管请求的存在和方式、外部驾驶环境和驾驶员因素（如酗酒、疲劳）等。

为了提高从自动系统控制向驾驶员手动控制过渡的性能，有必要确定衡量接管行动质量的指标。接管时间通常以从接管请求（或无声故障事件的发生）开始到第一个可测量的制动或转向输入之间的时间作为度量。可测量的输入通常由第一次超出阈值的控制输入来定义，研究中最常见的阈值是转向阈值为 2°，制动阈值为制动踏板行程的 10%[14,49]。衡量接管绩效的其他时间指标还包括：从发出接管请求或发生故障到驾驶员视线重新定位到驾驶场景之间的时间[22]，手或脚重新定位到控制装置上的时间[44]，或停用自动驾驶功能的时间[50-51]。

接管质量包括一系列衡量接管绩效的指标。研究中探讨的指标包括横向和纵向加速度、碰撞时间（Time to Collision，TTC）、跨越车道时间（Time to Lane Crossing，TLC）、车头时距（到前方车辆的时间间隔）、车头间距（到前方车辆的距离间隔）、车道位置、碰撞发生频率、完成避让动作的时间、基于方向盘转角的指标、速度统计数据和换道错误率等。

5.3 自动驾驶接管过程非驾驶任务对驾驶员情景意识影响研究

5.3.1 实验设计

实验招募了 27 名参与者（包括 16 名男性和 11 名女性），年龄范围在 21~51 岁之间，平均年龄 31.13 岁，标准差 8.67 岁。实验参与者均持有我国有效驾照，平均驾龄 8.48 年，标准差 5.59 年，平均年均驾驶里程 7103.70km，标准差 9398.75km，并且以前没有过 L3 级驾驶自动化相关经验。根据年均驾驶里程数将参与者分为驾驶经验丰富组（13 人）和驾驶经验不足组（14 人）。

本研究实验在搭建的小型驾驶模拟器平台上进行。实验设备包括工作站主机、驾驶场景显示屏、听觉提醒音响、一个附加的 7in（1in＝0.0254m）小屏幕用作接管提醒显示装置、平板电脑用作 NDRT 设备、罗技 G29 Driving Force 模拟方向盘、加速踏板、制动踏板等，测试实验设备及实验环境如图 5-3 所示。模拟器设的场景为模拟 L3 级自动驾驶场景。模拟器设计模拟的是 L3 级自动驾驶场景。实验过程中，开启自动驾驶功能后，参与者的手、脚、眼、注意力可以脱离驾驶任务。测试者佩戴穿戴式眼球跟踪系统 Tobii Glasses 2.0 用于采集眼动信息，可采集到如注视时间、瞳孔位置、注视方向、瞳孔直径、眼睑开度等眼动数据，记录频率为50Hz。

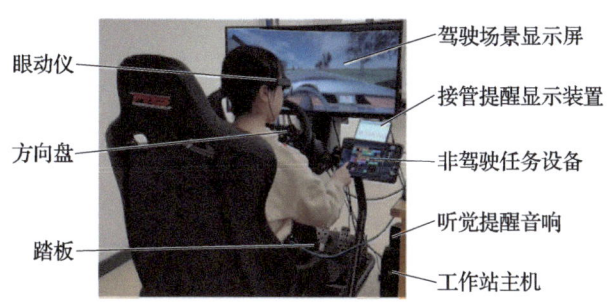

图5-3　驾驶模拟器平台

在 PreScan + Simulink 联合仿真环境下搭建长 1000m、宽 500m 的城市道路场景。在接管请求发出前，L3 级驾驶自动化系统以 50km/h 的车速在城市道路环境中自动驾驶，包含双向四车道和双向六车道道路。接管请求后的场景，向参与者显示一些驾驶环境元素，包括行人、非机动车、周围行驶车辆、静止障碍物、道路标志、静止车辆等，如图 5-4 中黑色图标所示，图中红色车代表自车。四次实验中，接管提醒后呈现的环境要素的数量和类型大致相同，但出现的位置和时间不同，目的是在不同任务条件下创造环境元素的不同组合，形成随机顺序，降低学习效果。

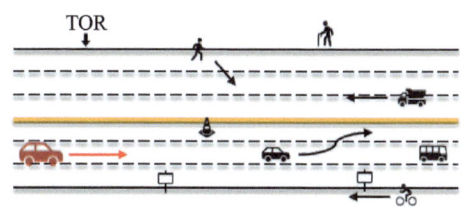

图5-4　实验场景示意图

汽车自动化水平越高，驾驶员参与 NDRT 的机会就越大。在 L3 级自动驾驶过程，驾驶员可能会从事多种 NDRT。本研究选择了参与者在实际自动驾驶过程中发生频率较高的四种 NDRT 进行对照实验，如图 5-5 所示，包括听新闻（认知）、看视频（认知和视觉组合）、玩游戏与打字聊天（认知、视觉和动作组合）。测试驾驶员在从事不同参与程度的 NDRT 对于接管准备的差异。

　　a）听新闻　　　　　　b）看视频　　　　　　c）玩游戏　　　　　　d）打字聊天

图 5-5　本研究涉及的四种典型 NDRT

在实验之前，要求参与者填写一份实验信息调查问卷，其中包括年龄、性别、受教育程度以及有关他们驾驶经历的问题。然后，向参与者介绍研究目的、实验任务要求、模拟器功能和参与者在实验中的任务角色。之后，参与者坐在驾驶模拟器中，调整座位到一个舒适的位置，以确保参与者能够看到驾驶场景显示、接管提醒显示以及非驾驶任务设备。位置调整好后向参与者对眼动仪设备进行了简单的介绍，并且对眼动仪进行标定。

接下来，参与者在驾驶模拟器上进行 5~10min 的练习实验，以熟悉驾驶仿真场景、NDRT、接管场景和 SAGAT 问卷。练习实验场景与正式实验场景相似。在练习实验结束时，向参与者展示 SAGAT 问卷的示例。SAGAT 问卷示例中的问题类型和数量与实际实验中相同。

准备工作就绪、练习实验结束后，开始进行正式实验。实验中，参与者需要在模拟器上进行 4 次模拟驾驶任务，每次涉及一种 NDRT。每次模拟运行包括 3min 左右的 L3 级自动驾驶阶段，然后是一个 1s 左右的 "warning" 人声警报音和红色的 "warning" 图像被用作接管请求，之后参与者进行 6~8s 的周围环境信息观察，最后完成 SAGAT 问卷。参与者被要求在模拟器有条件自动驾驶模式下执行 NDRT，一旦参与者感知到 TOR，他们需要停止执行 NDRT，并将注意力集中到模拟器显示屏幕上的驾驶场景。在 TOR 之后，车辆将继续以自动驾驶模式行驶，直到模拟结束，因此不需要参与者采取任何实际的接管行动以避免事故的发生。在这一阶段，参与者要尽可能多地观察并理解周围环境要素，为即将到来的接管做准备。

4 次实验中，接管场景出现的位置和时间略有不同，并且 NDRT 以随机顺序呈现，以降低参与者的学习效果。一次实验运行结束后，参与者休息 3~5min，实验人员记录保存数据、更换实验场景。

5.3.2 测量指标

SAGAT 是一种应用广泛的客观的 SA 直接测量方法，它要求参与者在模拟仿真场景中执行目标任务，在任意时间点停止模拟实验，并询问参与者对当时环境的认识情况，可以提供参与者对情境的心理模型定格[52-53]。根据研究需要关注与视觉注意力分配相关的情景意识水平，制定可以反映出驾驶员对驾驶场景中的元素的感知（1 级 SA）和理解（2 级 SA）程度的问卷。在每次模拟实验结束后，向参与者展示剔除了所有驾驶环境元素的空白驾驶场景截图，要求参与者在图中指出曾经出现的行人、周围车辆、道路标志、障碍物等元素的位置，并回答相关问题。根据参与者回答问题正确率，给出 SA 分数。

眼动追踪是 SA 研究中较为常用的方法，有研究指出了有意识的眼动指标与 SA 之间的相关性。本研究所采用的眼动测量指标如下：

1）总注视次数：实验原始的眼动数据中，眼睛对一个目标保持 100ms 以上的停留被定义为注视行为。注视次数为接管请求发出后到该次模拟驾驶停止前，参与者注视行为的计数。

2）兴趣区域（Areas of Interests，AOI）注视时间占比：本研究中兴趣区域（AOI）为接管请求后，特定环境元素（行人、前方运动车辆、周围运动车辆、道路标志、静止障碍物和静止车辆等）所在的区域。由于这些 AOI 大小不规则且运动状态不统一，需要逐帧对 AOI 进行标记。

3）扫视路径长度：扫视行为是两次注视行为之间双眼同时快速地运动。两次注视行为的注视点之间的距离为扫视路径长度。

5.3.3 结果分析

剔除异常数据后得到有效实验数据共 24 组，其中驾驶经验丰富 12 组，驾驶经验不足 12 组；女性驾驶员 10 组，男性驾驶员 14 组。表 5-2 为不同非驾驶任务下 SA 评估各测量指标的统计结果。

表 5-2 测量指标统计结果

测量指标	非驾驶任务类型			
	听新闻	看视频	玩游戏	打字聊天
SA 分数	59.2 ± 14.3	55.0 ± 13.2	52.0 ± 15.5	45.8 ± 14.2
主观评分	51.5 ± 14.7	54.5 ± 16.3	57.4 ± 15.4	59.9 ± 13.4

(续)

测量指标	非驾驶任务类型			
	听新闻	看视频	玩游戏	打字聊天
注视次数	14.58±4.13	13.42±4.16	11.17±4.44	10.08±4.27
AOI 时间占比	0.868±0.060	0.826±0.071	0.807±0.076	0.782±0.107
扫视路径长度（像素）	1976.37±762.28	1762.83±666.62	1485.31±601.14	1309.77±544.11
归一化瞳孔直径/cm	0.618±0.114	0.606±0.108	0.576±0.143	0.578±0.132

(1) SA 分数

图 5-6a 所示为不同非驾驶任务类型下参与者的 SA 分数对比。随着非驾驶任务所占据的感官模态的增加，参与者的 SA 分数降低。听新闻任务条件下，参与者的平均 SAGAT 问卷分数比看视频任务条件下的高 4.2 分，比玩游戏任务条件下的高 7.2 分，比打字聊天任务条件下的高 13.4 分。正态性检验结果显示，各组数据均服从正态分布（p 值分别为 0.621、0.861、0.524、0.350，均大于 0.05）；球形检验结果显示满足球形假设（$W=0.785$，近似 $\chi^2=5.270$，$p=0.384>0.05$）。不同非驾驶任务的 SA 分数差异具有统计学意义 [$F(3, 69)=4.099$, $p=0.010<0.05$]。事后检验显示，听新闻任务下的 SA 分数比打字聊天任务下的 SA 分数高 13.4 分（95% 置信区间：0.798~25.761），差异具有统计学意义（$p=0.002<0.01$）；看视频任务下的 SA 分数比打字聊天任务下的高 9.2 分（95% 置信区间：-0.410~18.443），差异具有统计学意义（$p=0.032<0.05$）。听新闻任务只涉及听觉认知模态脱离驾驶任务，在这种情况下参与者对回归驾驶任务循环重新获得车辆控制有更好的准备。不同非驾驶任务下参与者回答 SA 问卷问题的正确程度存在显著差异，这可能与接管提醒发出后的这段时间的注意力不集中或注意力分配不当有关。

图 5-6b 显示了不同驾驶经验参与者在各个不同的 NDRT 下的 SA 分数对比。不同驾驶经验组别的参与者在听新闻任务下的 SA 分数存在显著差异（配对 t 检验，$p=0.018<0.05$），不同驾驶经验组别在看视频任务下的 SA 分数存在显著差异（配对 t 检验，$p=0.031<0.05$），不同驾驶经验组别在玩游戏任务下的 SA 分数存在显著差异（配对 t 检验，$p=0.043<0.05$），不同驾驶经验组别在打字聊天任务下的 SA 分数不存在显著差异（配对 t 检验，$p=0.053>0.05$）。驾驶经验丰富的参与者之间，不同非驾驶任务下的 SA 分数存在显著差异 [$F(3, 33)=3.500$, $p=0.023<0.05$]。驾驶经验不足的参与者之间，不同

非驾驶任务下的 SA 分数不存在显著差异 [$F(3, 33) = 1.394$, $p = 0.257 > 0.05$]。

图 5-6c 所示为不同性别分组的参与者在不同 NDRT 下的 SA 分数对比图。不同性别参与者的听新闻任务的 SA 分数不存在显著差异（配对 t 检验，$p = 0.532 > 0.05$），不同性别参与者在看视频任务下的 SA 分数不存在显著差异（配对 t 检验，$p = 0.798 > 0.05$），不同性别参与者在玩游戏任务下的 SA 分数不存在显著差异（配对 t 检验，$p = 0.778 > 0.05$），不同性别参与者的打字聊天任务时的 SA 分数不存在显著差异（配对 t 检验，$p = 0.431 > 0.05$）。男性驾驶员之间，不同非驾驶任务条件下的 SA 分数不存在显著差异 [$F(3, 39) = 2.637$, $p = 0.0592 > 0.05$]；女性驾驶员之间，不同非驾驶任务条件下的 SA 分数不存在显著差异 [$F(3, 27) = 1.356$, $p = 0.271 > 0.05$]。

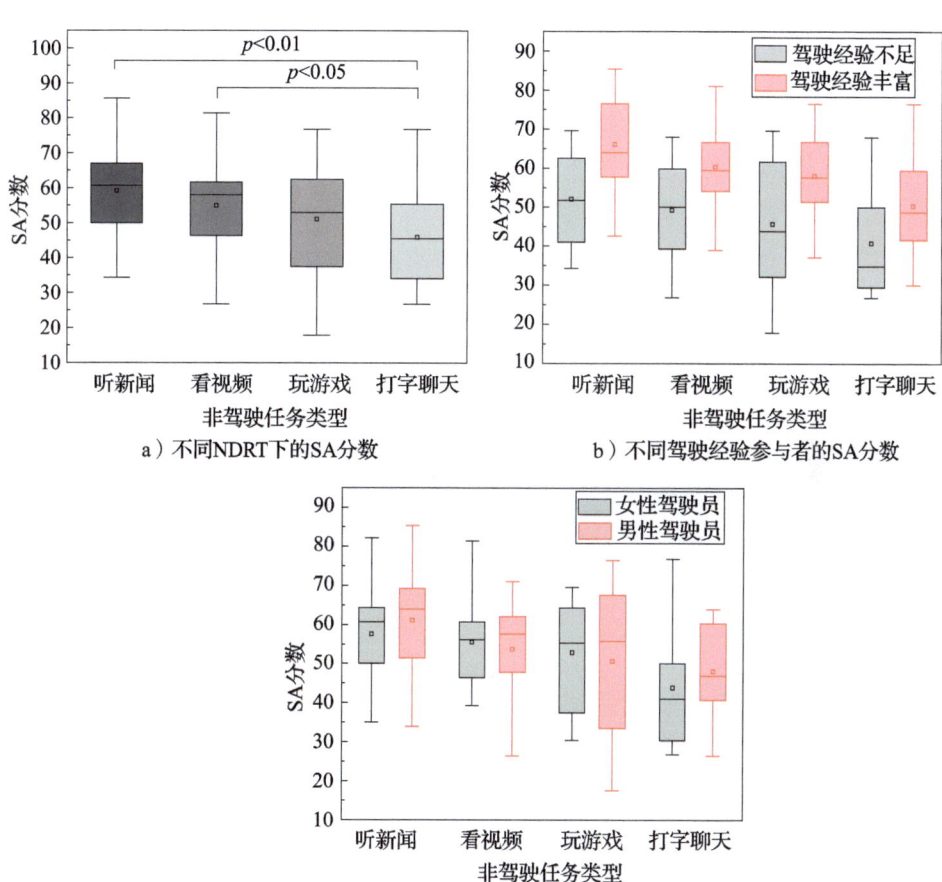

图 5-6 非驾驶任务类型对 SA 分数的影响

(2) 注视次数

图 5-7a 所示为不同非驾驶任务类型下注视行为次数对比。注视行为次数与情景意识问卷分数呈现相同的趋势，随着非驾驶任务所占据的感官模态的增加，注视次数降低。正态性检验结果显示，各组数据均服从正态分布（p 值分别为 0.972、0.980、0.611、0.541，均大于 0.05）；球形检验结果显示满足球形假设（$W=0.878$，近似 $\chi^2=2.818$，$p=0.728>0.05$）。不同非驾驶任务条件下的注视次数存在显著差异［单因素重复测量方差分析，$F(3, 69)=6.030$，$p=0.00126<0.01$］。事后检验显示，听新闻任务下的注视次数比打字聊天任务下的注视次数多 4.50 次（95% 置信区间：1.614~7.386），差异具有统计学意义（$p=0.000483<0.001$）；看视频任务下的注视次数比打字聊天任务下的多 3.34 次（95% 置信区间：-0.011~6.678），差异具有统计学意义（$p=0.00782<0.01$）；听新闻任务下的注视次数比玩游戏任务下的注视次数多 3.41 次（95% 置信区间：0.190~6.643），差异具有统计学意义（$p=0.00824<0.01$）。参与者注视行为次数受到非驾驶任务类型显著影响，注视次数越少，说明参与者对于驾驶场景的关注减少，视觉搜索效率降低。

图 5-7b 显示了不同驾驶经验参与者在各个 NDRT 条件下的注视行为次数对比。不同驾驶经验组别在进行听新闻任务后的注视次数存在显著差异（配对 t 检验，$p=0.047<0.05$），不同驾驶经验组别在进行看视频任务后的注视次数不存在显著差异（配对 t 检验，$p=0.091>0.05$），不同驾驶经验组别在进行玩游戏任务后的注视次数不存在显著差异（配对 t 检验，$p=0.262>0.05$），不同驾驶经验组别在进行打字聊天任务后的注视次数不存在显著差异（配对 t 检验，$p=0.201>0.05$）。驾驶经验丰富的参与者之间，不同非驾驶任务后的注视次数存在显著差异［单因素重复测量方差分析，$F(3, 33)=3.625$，$p=0.018<0.05$］；驾驶经验不足的参与者之间，不同非驾驶任务条件下的注视次数不存在显著差异［单因素重复测量方差分析，$F(3, 33)=2.089$，$p=0.083>0.05$］。

四种不同的 NDRT 下，不同性别的参与者之间的注视次数均不存在显著差异，如图 5-7c 所示。

(3) 兴趣区域注视时间占比

图 5-8a 中显示了不同 NDRT 条件下参与者在 AOI 的注视时间占比。随着非驾驶任务所占据的感官模态的增加，AOI 注视时间占比降低。正态性检验结果显示，各组数据均服从正态分布（p 值分别为 0.207、0.074、0.300、0.119，均大于 0.05）；球形检验结果显示满足球形假设（$W=0.933$，近似 $\chi^2=1.427$，$p=$

第 5 章　L3 级自动驾驶接管过程驾驶员情景意识与操纵绩效研究

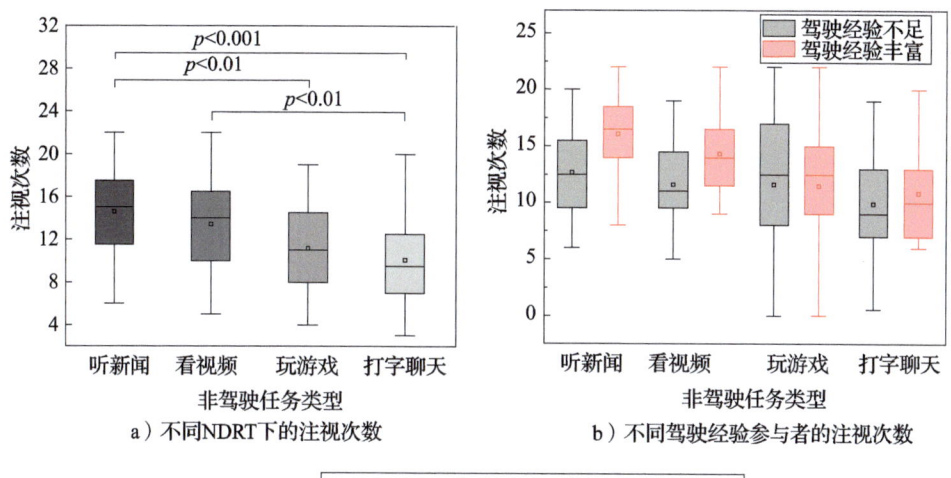

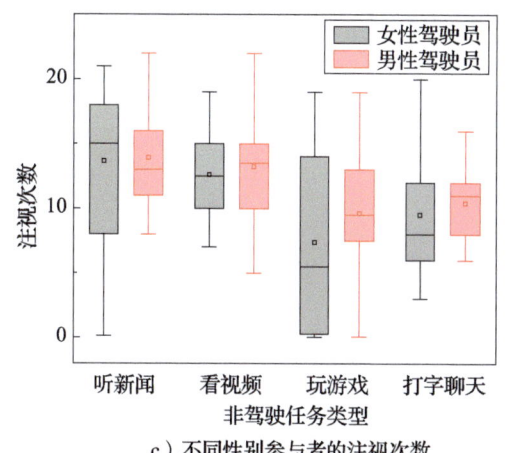

图 5-7　非驾驶任务类型对注视次数的影响

0.921＞0.05）。不同非驾驶任务条件下的 AOI 注视时间占比存在显著差异［单因素重复测量方差分析，$F(3,69)=4.164$，$p=0.009<0.01$］。事后检验显示，听新闻任务下的 AOI 注视时间占比比看视频任务下的 AOI 注视时间占比大 0.04（95% 置信区间：-0.028~0.103），差异具有统计学意义（$p=0.028<0.05$）；听新闻任务下的 AOI 注视时间占比比玩游戏任务下的大 0.06（95% 置信区间：-0.005~0.125），差异具有统计学意义（$p=0.003<0.01$）；听新闻任务下的 AOI 注视时间占比比打字聊天任务下的大 0.09（95% 置信区间：0.012~0.155），差异具有统计学意义（$p=0.001<0.01$）。参与者 AOI 注视时间占比和注视次数有相似的结果，AOI 注视时间占比受到非驾驶任务类型的显著影响。AOI 注视时间占比反映了参与者对兴趣区域环境元素的关注程度。

不同驾驶经验分组的参与者在各 NDRT 下的 AOI 注视时间占比如图 5-8b 所示。不同驾驶经验组别的参与者在听新闻任务（配对 t 检验，$p = 0.046 < 0.05$）、看视频任务（配对 t 检验，$p = 0.048 < 0.05$）、玩游戏任务（配对 t 检验，$p = 0.029 < 0.05$）和打字聊天任务（配对 t 检验，$p = 0.011 < 0.05$）后的 AOI 注视时间占比均存在显著差异。驾驶经验丰富的参与者之间，不同非驾驶任务条件下的 AOI 注视时间占比不存在显著差异［单因素重复测量方差分析，$F(3, 33) = 1.416$，$p = 0.251 > 0.05$］。驾驶经验不足的参与者之间，不同非驾驶任务条件下的 AOI 注视时间占比存在显著差异［单因素重复测量方差分析，$F(3, 33) = 2.976$，$p = 0.046 < 0.05$］。

图 5-8c 表明在四种不同的 NDRT 下，不同性别的参与者之间的 AOI 注视时间占比均不存在显著差异。

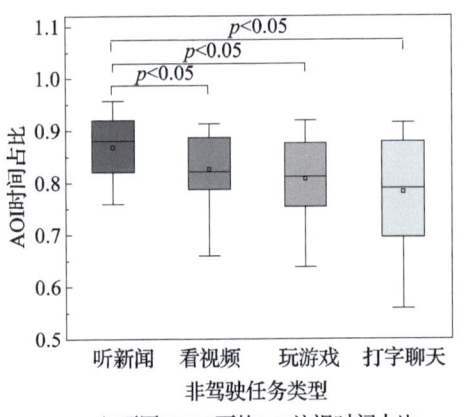

a）不同 NDRT 下的 AOI 注视时间占比

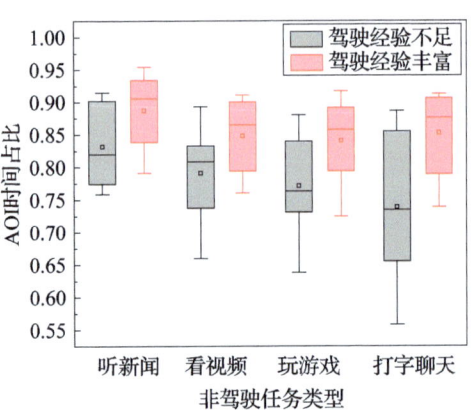

b）不同驾驶经验参与者的 AOI 注视时间占比

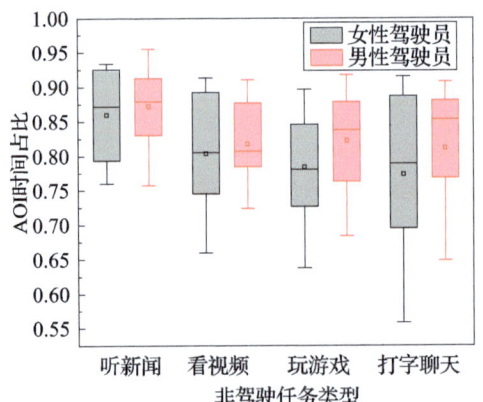

c）不同性别参与者的 AOI 注视时间占比

图 5-8 非驾驶任务类型对 AOI 注视时间占比的影响

(4) 扫视路径长度

不同 NDRT 条件下扫视路径长度对比如图 5-9a 所示。扫视路径长度与吸引参与者视觉注意力的环境元素的位置和分布有关。整体来看，随着非驾驶任务涉及的认知类型的增加，扫视路径长度减少。正态性检验结果显示，各组数据均服从正态分布（p 值分别为 0.645、0.291、0.905、0.557，均大于 0.05）；球形检验结果显示满足球形假设（$W = 0.781$，近似 $\chi^2 = 5.380$，$p = 0.372 > 0.05$）。不同非驾驶任务条件下的扫视路径长度存在显著差异[单因素重复测量方差分析，$F(3, 69) = 5.609$，$p = 0.002 < 0.01$]。事后检验显示，听新闻任务下的扫视路径长度比玩游戏任务下的扫视路径长度大 491.06 像素（95% 置信区间：-107.336~1089.462），差异具有统计学意义（$p = 0.0169 < 0.05$）；听新闻任务下的扫视路径长度比打字聊天任务下的大 666.60 像素（95% 置信区间：142.728~1190.462），差异具有统计学意义（$p = 0.00108 < 0.01$）；看视频任务下的扫视路径长度比打字聊天任务下的扫视路径长度大 453.06 像素（95% 置信区间：42.915~863.207），差异具有统计学意义（$p = 0.0131 < 0.05$）。

图 5-9b 显示了不同驾驶经验分组的参与者在各 NDRT 下的扫视路径长度对比。不同驾驶经验组别在听新闻任务（配对 t 检验，$p = 0.823 > 0.05$）、看视频任务（配对 t 检验，$p = 0.829 > 0.05$）、玩游戏任务（配对 t 检验，$p = 0.236 > 0.05$）和打字聊天任务（配对 t 检验，$p = 0.116 > 0.05$）条件下的扫视路径长度均不存在显著差异。驾驶经验丰富的参与者之间，不同非驾驶任务的扫视路径长度不存在显著差异[单因素重复测量方差分析，$F(3, 33) = 1.515$，$p = 0.224 > 0.05$]。驾驶经验不足的参与者之间，不同非驾驶任务的扫视路径长度存在显著差异[单因素重复测量方差分析，$F(3, 33) = 3.586$，$p = 0.020 < 0.05$]。

图 5-9c 所示为不同性别参与者在各 NDRT 下的扫视路径长度对比。不同性别驾驶员在听新闻任务（配对 t 检验，$p = 0.651 > 0.05$）、看视频任务（配对 t 检验，$p = 0.991 > 0.05$）和打字聊天任务（配对 t 检验，$p = 0.657 > 0.05$）下的扫视路径长度不存在显著差异，不同性别驾驶员在玩游戏任务下的扫视路径长度存在显著差异（配对 t 检验，$p = 0.0238 < 0.05$）。男性驾驶员之间，不同非驾驶任务的扫视路径长度存在显著差异[单因素重复测量方差分析，$F(3, 39) = 2.823$，$p = 0.047 < 0.05$]；女性驾驶员之间，不同非驾驶任务的扫视路径长度存在显著差异[单因素重复测量方差分析，$F(3, 27) = 2.922$，$p = 0.047 < 0.05$]。

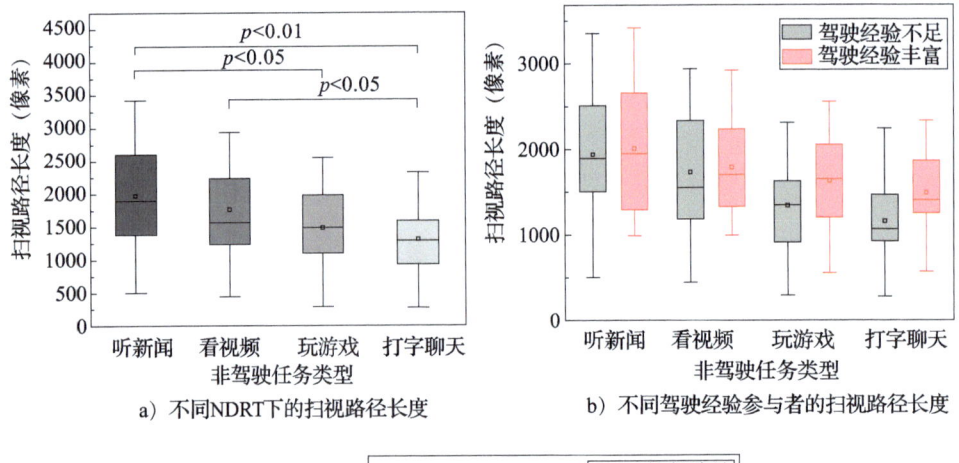
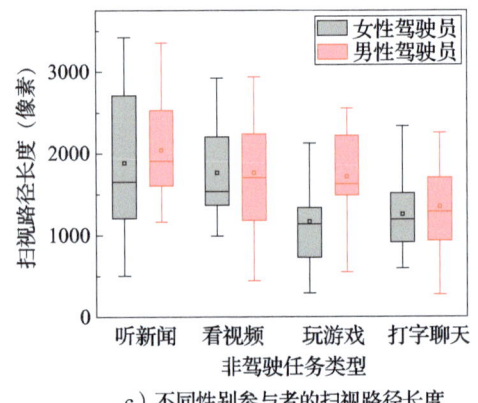

图5-9 非驾驶任务类型对扫视路径长度的影响

5.3.4 结论

本节通过研究不同真实 NDRT 条件下的 SAGAT 问卷得分和眼动指标的变化，深入了解了真实 NDRT 类型对自动驾驶接管过程中的接管控制运动准备的影响。结果显示，接管请求前参与 NDRT 的程度增加会对 SA 的建立恢复产生负面影响。占据的感官模态、涉及的认知类型更多的 NDRT，认知负荷更高，使得参与者在驾驶过程中的注意力更少地集中在驾驶任务上，对于驾驶场景以及其中的环境元素的关注减少，视觉搜索效率随之降低，说明了驾驶员的视觉准备对自动驾驶接管的重要性。接管过程中，对驾驶场景的注意力分配更多、在驾驶环境的注视时间更长、视觉搜索范围更大，会有更好的 SA。本研究可以为 SA 评估和针对不同 NDRT 采取不同的接管策略的研究提供支持。在实际应用中，对于驾驶员 – 车辆 – 道路 – 环境的综合监控，对确保自动驾驶接管的安全和效率非常重要。

5.4 自动驾驶接管过程可视化辅助规划信息对接管绩效的影响

5.4.1 实验设计

实验招募了 24 名参与者（包括 16 名男性和 8 名女性），年龄范围在 22～51 岁之间，平均年龄 29.954 岁，标准差 8.266 岁。实验参与者均持有我国有效驾照，平均驾龄 8.045 年，标准差 5.652 年，平均年均驾驶里程 7283.333km，标准差 8893.362km，并且以前没有过 L3 级驾驶自动化相关经验。根据年均驾驶里程数将参与者分为驾驶经验丰富组和驾驶经验不足组。

本节实验与 5.3 节实验在同一个模拟器上进行，实验设备与 5.3.1 小节所述相同，包括工作站主机、驾驶场景显示屏、听觉提醒音响，一个附加的 7in 小屏幕用作可视化规划信息辅助显示装置，平板电脑用作 NDRT 设备，罗技 G29 Driving Force 模拟方向盘、加速踏板、制动踏板等，实验设备及实验环境如图 5 – 3 所示。模拟器设计模拟的是 L3 级自动驾驶系统，实验过程中，开启自动驾驶功能后，参与者的手、脚、眼、注意力可以脱离驾驶任务。

在 PreScan + Simulink 联合仿真环境下搭建长 1000m、宽 500m 的城市道路场景。在接管请求发出前，L3 级驾驶自动化系统以 50km/h 的车速在城市道路环境中自动驾驶，包含双向四车道和双向六车道道路。接管场景如图 5 – 10 所示，模拟了道路施工区域和出现坠落物体两种需要接管的情况。接管请求 TOR 发出后参与者需要执行制动和/或换道的避障操作。参与者可以直接通过转动方

图 5 – 10 接管场景

向盘或踩下制动踏板来停用自动驾驶功能，重新控制车辆运动。实验中，接管场景出现的位置和时间略有不同，并且接管请求方式及非驾驶任务的出现顺序随机，以降低学习效果。

本实验中1s左右的"warning"人声警报音和三类不同的可视化辅助规划信息图像被用作接管请求。如图5-11所示，绿色箭头和红色三角代表图标规划信息辅助，也就是以图标形式显示的换道或制动决策建议信息；"向左/向右"和"制动"代表文字辅助规划信息，也就是以文字形式显示的换道或制动决策建议信息；"WARNING"图像代表无辅助规划信息，也就是没有提供决策建议，仅显示了信息采集阶段的信息，提示参与者必须恢复车辆控制。

图5-11 可视化辅助规划信息图像

在实验之前，要求参与者填写一份关于年龄、性别以及驾驶经历的调查问卷。然后，向参与者介绍研究目的、实验任务要求、模拟器功能和参与者在实验中的任务角色。之后，参与者坐在驾驶模拟器中，调整座位到一个舒适的位置，以确保参与者能够看到驾驶场景显示、TOR显示以及NDRT设备。位置调整好后向参与者对眼动仪设备进行了简单的介绍，并对眼动仪进行标定。

接下来，参与者在驾驶模拟器中进行5~10min的练习实验，以熟悉驾驶仿真场景、自动化驾驶系统和模拟器接管操作。向参与者解释了接管请求各个图标的含义。参与者被要求在系统功能开启时，执行NDRT；并被告知不必时刻关注道路，将手从方向盘上移开，脚从踏板上移开。练习实验场景与正式实验场景相似。

准备工作就绪、练习结束后，进行正式实验。正式实验中，参与者需要在L3级驾驶自动化模拟器上进行6次模拟驾驶任务（3种规划辅助信息×2种非驾驶任务）。每次模拟运行包括3min左右的L3级自动驾驶阶段，然后在碰撞时间（Time to Collision，TTC）低于6s时，系统发出一个1s左右的"warning"人声警报音和可视化规划辅助信息结合的接管请求，之后参与者需要根据视觉提醒给出的决策建议或自身经验进行避障操作。

6次实验中,接管场景出现的位置和时间略有不同,并且TOR及NDRT的出现顺序随机,以减少重复学习效果。一次实验运行结束后,参与者休息3~5min,实验人员记录保存数据、更换实验场景。

5.4.2 测量指标

本研究采用了几种客观测量指标来获取参与者的接管绩效和反应时间:

1)成功率:在实验中,如果参与者成功进行换道或制动操作,且没有与场景中的障碍物发生碰撞,则认为避障操纵成功。

2)制动率:参与者使用制动踏板的情况的百分比。

3)遵循建议占比:参与者对给出辅助规划信息的TOR的服从程度。

4)反应时间:从TOR发出开始到第一个可检测的转向或制动输入之间的时间,单位为s。

5)车速标准差:TOR发出后手动驾驶期间的速度标准差,单位为m/s。

6)最大方向盘转角:TOR发出后手动驾驶期间方向盘旋转的最大角度,单位为rad。

7)方向盘转角标准差:TOR发出后手动驾驶期间方向盘旋转角度的标准差,单位为rad。

8)车道偏移标准差:TOR发出后手动驾驶期间车辆中心线与车道中心线之间偏移距离的标准差,单位为m。

9)最大合加速度:TOR后手动驾驶期间的最大合加速度。

$$\max a_r = \max \sqrt{a_x^2 + a_y^2}$$

式中,a_x为纵向加速度,单位为m/s²,a_y为横向加速度,单位为m/s²。

5.4.3 结果分析

在144组实验数据中(24名参与者×6次实验),由于数据记录不当或参与者在TOR发出时已经触碰了方向盘,排除了9组数据。图5-12所示为不同可视化规划信息辅助显示下参与者的接管操作类型分布。表5-3为不同可视化辅助规划信息显示下接管操作结果。参与者在无辅助规划信息的条件下(84.05%)比在有辅助规划信息的条件下(文字:90.70%;图标90.91%)的成功率较低,更容易发生碰撞。对比两种辅助规划信息显示方式下,参与者是否按照给出的规划建议进行避障操作的结果显示,在文字形式显示的条件下,参与者的遵循建议操作占比为 81.82%,略低于图标形式显示下的参与者遵循建议操作占比 86.36%。表 5-4 给出了不同非驾驶任务和不同辅助规划信息显示下接管绩效各测量指标的平均值和标准偏差统计结果。

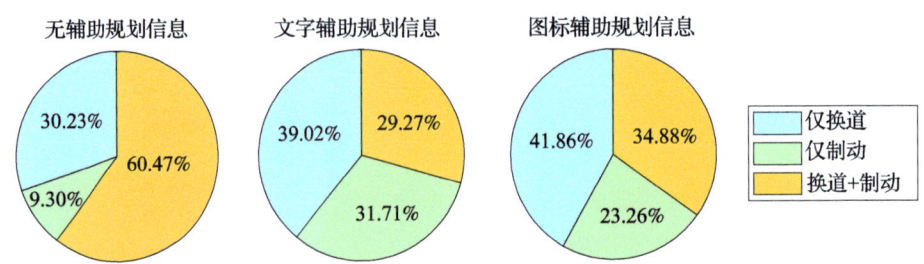

图 5-12 不同可视化规划信息辅助显示下参与者的接管操作类型分布

表 5-3 不同可视化辅助规划信息显示下接管操作结果

指标	无辅助规划信息	文字辅助规划信息	图标辅助规划信息
成功率	84.05%	90.70%	90.91%
制动率	69.77%	60.98%	58.14%
遵循建议占比	—	81.82%	86.36%

表 5-4 接管绩效测量指标的平均值和标准偏差统计结果

测量指标	看视频任务			玩游戏任务		
	无辅助规划信息	文字辅助规划信息	图标辅助规划信息	无辅助规划信息	文字辅助规划信息	图标辅助规划信息
反应时间/s	2.296±0.768	2.175±0.586	2.127±0.616	2.583±0.751	2.401±0.589	2.358±0.621
车速标准差/(m/s)	3.246±1.960	2.988±1.656	2.853±1.656	3.746±2.048	3.092±2.033	3.142±2.101
最大方向盘转角/rad	0.500±0.246	0.317±0.221	0.311±0.217	0.597±0.279	0.437±0.243	0.408±0.228
方向盘转角标准差/rad	0.213±0.106	0.157±0.117	0.163±0.102	0.252±0.121	0.174±0.118	0.177±0.104
车道偏移标准差/m	1.624±0.863	1.370±0.947	1.361±0.881	1.775±0.992	1.340±0.857	1.398±0.839
最大合加速度/(m/s^2)	2.784±1.292	2.397±1.584	2.253±1.452	2.849±1.667	2.472±1.446	2.323±1.426

(1) 反应时间

实验模拟过程中,没有被提供可视化辅助规划信息时参与者的反应时间平均比提供文字辅助规划信息时长 0.126s,比提供图标辅助规划信息时长

0.123s，提供文字辅助规划信息时比提供图标辅助规划信息时短 0.003s；进行看视频任务的参与者的反应时间平均比玩游戏任务的参与者的反应时间短 0.248s。图 5-13 所示为不同 NDRT 与可视化辅助规划信息下反应时间对比。正态性检验结果显示，各组数据均服从正态分布（p 值分别为 0.268、0.608、0.817、0.885、0.812、0.765，均大于 0.05）；球形检验结果显示满足球形假设（$W = 0.961$，近似 $\chi^2 = 0.795$，$p = 0.672 > 0.05$）。NDRT 与可视化辅助规划信息之间的交互作用对反应时间的影响无统计学意义 $[F(2, 42) = 0.266, p = 0.767 > 0.05]$。进行主效应分析，可视化辅助规划信息对反应时间的影响差异不显著 $[F(2, 42) = 0.721, p = 0.492 > 0.05]$；而 NDRT 对反应时间的影响具有显著差异 $[F(1, 21) = 10.404, p = 0.004 < 0.01]$，事后检验显示，看视频任务条件下的反应时间比玩游戏任务下的反应时间快 0.248s（95% 置信区间：0.1 ~ 0.462），差异具有统计学意义，$p = 0.004$。

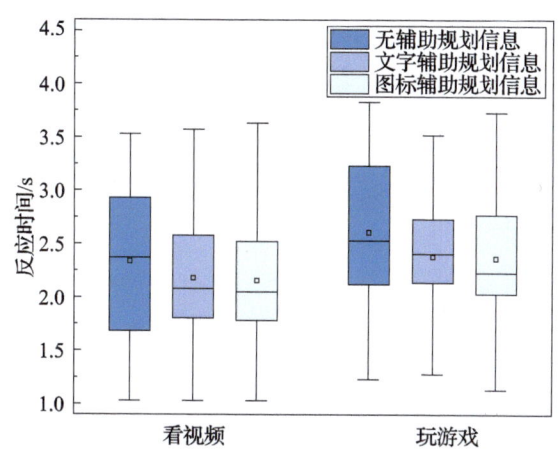

图 5-13　NDRT 和可视化辅助规划信息下反应时间对比

图 5-14 所示为不同驾驶经验的参与者在三种辅助规划信息条件下的反应时间对比。不同驾驶经验的参与者在无辅助规划信息条件下（配对 t 检验，$p = 0.122 > 0.05$）、文字辅助规划信息条件下（配对 t 检验，$p = 0.163 > 0.05$）和图标辅助规划信息条件下（配对 t 检验，$p = 0.458 > 0.05$）的反应时间均不存在显著差异。驾驶经验丰富的参与者之间，不同视觉规划信息辅助下的反应时间不存在显著差异 $[F(2, 63) = 0.176, p = 0.839 > 0.05]$；驾驶经验不足的参与者之间，不同视觉规划信息辅助条件下的反应时间不存在显著差异 $[F(2, 63) = 0.898, p = 0.412 > 0.05]$。

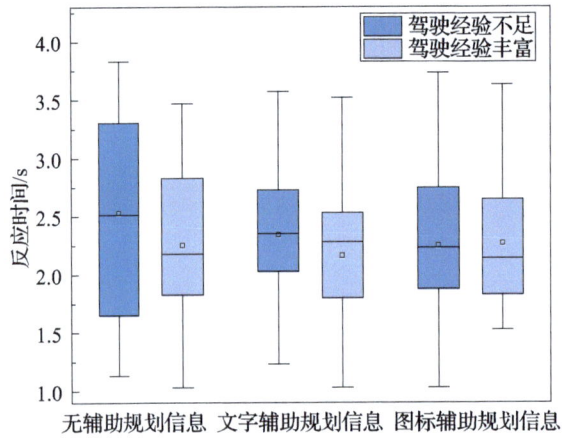

图 5-14 不同驾驶经验参与者反应时间对比

（2）最大方向盘转角

图 5-15 所示为不同 NDRT 与不同可视化辅助规划信息对最大方向盘转角的影响。正态性检验结果显示，各组数据均服从正态分布（p 值分别为 0.675、0.053、0.089、0.286、0.251、0.201，均大于 0.05）；球形检验结果显示满足球形假设（$W=0.793$，近似 $\chi^2=4.641$，$p=0.098>0.05$）。NDRT 与可视化辅助规划信息之间的交互作用对最大方向盘转角的影响具有统计学意义 [$F(2, 42)=3.695$，$p=0.032<0.05$]。对 NDRT 和可视化辅助规划信息进行单独效应检验。

执行看视频任务时，三种辅助规划信息条件下的数据满足球形假设（$W=0.740$，近似 $\chi^2=4.921$，$p=0.120>0.05$），辅助规划信息对最大方向盘转角的影响存在显著差异 [$F(2, 42)=3.552$，$p=0.038<0.05$]。事后检验结果显示，无可视化辅助规划信息条件下的最大方向盘转角比文字辅助规划信息下的最大方向盘转角大 0.183 rad（95% 置信区间：-0.072～0.377），差异具有统计学意义（$p=0.023<0.05$）。无可视化辅助规划信息条件下的最大方向盘转角比图标辅助规划信息下的最大方向盘转角大 0.189 rad（95% 置信区间：0.063～0.315），差异具有统计学意义（$p=0.006<0.05$）。文字辅助规划信息条件下的最大方向盘转角比图标辅助规划信息下的大 0.006 rad（95% 置信区间：-0.166～0.199），差异不具有统计学意义（$p=0.871>0.05$）。执行玩游戏任务时，三种辅助规划信息条件下的数据满足球形假设（$W=0.914$，近似 $\chi^2=1.802$，$p=0.406>0.05$），辅助规划信息对最大方向盘转角的影响存在显著差异 [$F(2, 42)=4.456$，$p=0.018<0.05$]。事后检验结果显示，无可视化辅助规划信息条件下的最大方向

盘转角比文字辅助规划信息下的最大方向盘转角大 0.160rad（95% 置信区间：0.022~0.317），差异具有统计学意义（$p=0.015<0.05$）。无可视化辅助规划信息条件下的最大方向盘转角比图标辅助规划信息下的最大方向盘转角大 0.171rad（95% 置信区间：0.016~0.357），差异具有统计学意义（$p=0.028<0.05$）。文字辅助规划信息条件下的最大方向盘转角比图标辅助规划信息下的大 0.011rad（95% 置信区间：-0.182~0.196），差异不具有统计学意义（$p=0.917>0.05$）。

在无辅助规划信息条件下，看视频任务的最大方向盘转角比玩游戏任务下的最大方向盘转角小 0.097rad（95% 置信区间：-0.063~0.221），差异不具有统计学意义（$p=0.261>0.05$）。在文字辅助规划信息条件下，看视频任务的最大方向盘转角比玩游戏任务下的小 0.120rad（95% 置信区间：-0.035~0.233），差异不具有统计学意义（$p=0.430>0.05$）。在图标辅助规划信息条件下，看视频任务的最大方向盘转角比玩游戏任务下的小 0.079rad（95% 置信区间：-0.072~0.227），差异不具有统计学意义（$p=0.295>0.05$）。

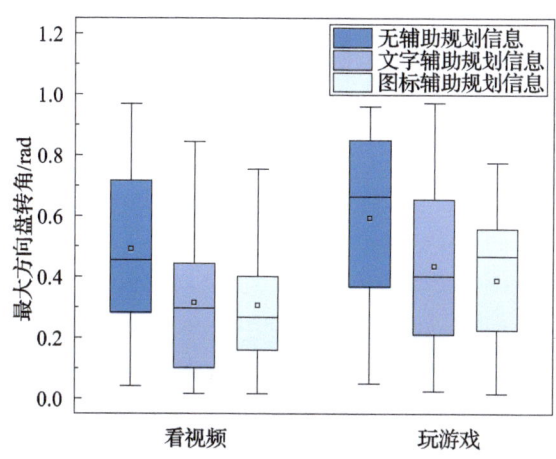

图 5-15　NDRT 和可视化辅助规划信息下最大方向盘转角对比

图 5-16 显示了不同驾驶经验参与者在三种可视化辅助规划信息时的最大方向盘转角对比。不同驾驶经验组别的参与者在无视觉规划信息辅助（配对 t 检验，$p=0.027<0.05$）、文字辅助规划信息（配对 t 检验，$p=0.028<0.05$）和图标规划信息辅助（配对 t 检验，$p=0.045<0.05$）条件下的最大方向盘转角均存在显著差异。驾驶经验丰富的参与者之间，不同可视化辅助规划信息下的最大方向盘转角不存在显著差异 [$F(2,63)=2.871$，$p=0.065>0.05$]；驾

驶经验不足的参与者之间，不同可视化辅助规划信息条件下的最大方向盘转角存在显著差异[$F(2, 63) = 3.703, p = 0.030 < 0.05$]。

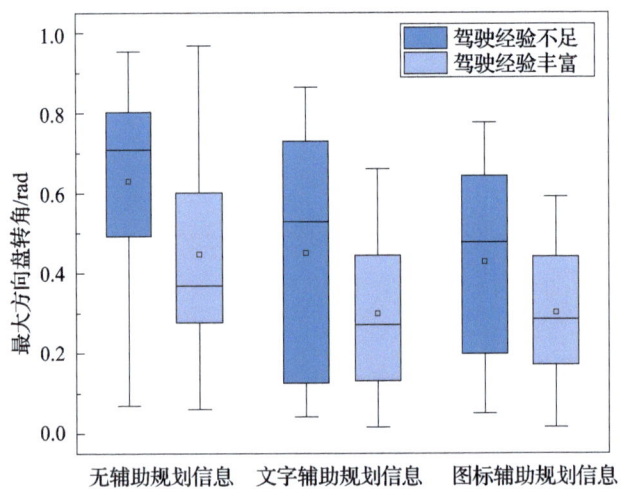

图5-16 不同驾驶经验参与者最大方向盘转角对比

(3) 方向盘转角标准差

图5-17 所示为不同 NDRT 与不同可视化辅助规划信息对最大方向盘转角的影响。正态性检验结果显示，各组数据均服从正态分布（p 值分别为 0.675、0.053、0.089、0.286、0.251、0.201，均大于 0.05）；球形检验结果显示满足球形假设（$W = 0.793$，近似 $\chi^2 = 4.641, p = 0.098 > 0.05$）。NDRT 与可视化辅助规划信息之间的交互作用对最大方向盘转角的影响具有统计学意义[$F(2, 42) = 3.695, p = 0.032 < 0.05$]。对 NDRT 和可视化辅助规划信息进行单独效应检验。

执行看视频任务时，三种辅助规划信息条件下的数据满足球形假设（$W = 0.740$，近似 $\chi^2 = 4.921, p = 0.120 > 0.05$），辅助规划信息对最大方向盘转角的影响存在显著差异[$F(2, 42) = 3.552, p = 0.038 < 0.05$]。事后检验结果显示，无可视化辅助规划信息条件下的最大方向盘转角比文字辅助规划信息下的最大方向盘转角大 0.183rad（95%置信区间：-0.072~0.377），差异具有统计学意义（$p = 0.023 < 0.05$）。无可视化辅助规划信息条件下的最大方向盘转角比图标辅助规划信息下的最大方向盘转角大 0.189rad（95%置信区间：0.063~0.315），差异具有统计学意义（$p = 0.006 < 0.05$）。文字辅助规划信息条件下的最大方向盘转角比图标辅助规划信息下的大 0.006rad（95%置信区间：-0.166~0.199），差异不具有统计学意义（$p = 0.871 > 0.05$）。执行玩游戏任务时，三种辅助规划信息条件下的数据满足球形假设（$W=0.914$，近似 $\chi^2=1.802$，$p=0.406>0.05$），辅助规划信息对最大方向盘转角的影响存在显著差异 $[F(2,42)=4.456$，$p=0.018<0.05]$。事后检验结果显示，无可视化辅助规划信息条件下的最大方向盘转角比文字辅助规划信息下的最大方向盘转角大 0.160 rad（95%置信区间：0.022~0.317），差异具有统计学意义（$p=0.015<0.05$）。无可视化辅助规划信息条件下的最大方向盘转角比图标辅助规划信息辅助下的最大方向盘转角大 0.171 rad（95%置信区间：0.016~0.357），差异具有统计学意义（$p=0.028<0.05$）。文字辅助规划信息条件下的最大方向盘转角比图标辅助规划信息下的大 0.011 rad（95%置信区间：-0.182~0.196），差异不具有统计学意义（$p=0.917>0.05$）。

在无辅助规划信息条件下，看视频任务的最大方向盘转角比玩游戏任务下的最大方向盘转角小 0.097 rad（95%置信区间：-0.063~0.221），差异不具有统计学意义（$p=0.261>0.05$）。在文字辅助规划信息条件下，看视频任务的最大方向盘转角比玩游戏任务下的小 0.120 rad（95%置信区间：-0.035~0.233），差异不具有统计学意义（$p=0.430>0.05$）。在图标辅助规划信息条件下，看视频任务的最大方向盘转角比玩游戏任务下的小 0.079 rad（95%置信区间：-0.072~0.227），差异不具有统计学意义（$p=0.295>0.05$）。

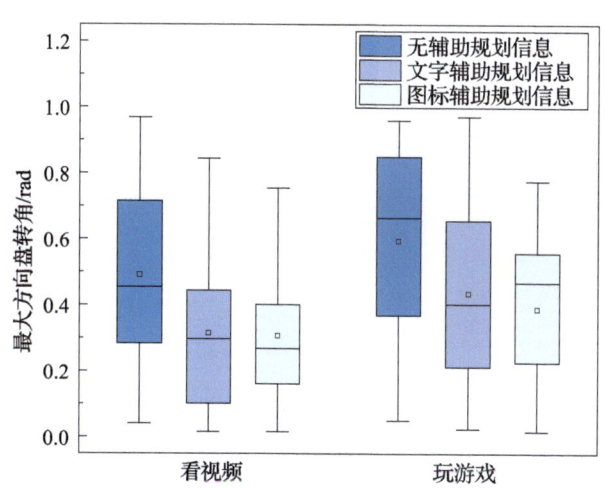

图 5-17　NDRT 和可视化辅助规划信息下最大方向盘转角对比

图 5-18 显示了不同驾驶经验参与者在三种可视化辅助规划信息时的最大方向盘转角对比。不同驾驶经验组别的参与者在无可视化辅助规划信息（配对 t 检验，$p=0.027<0.05$）、文字辅助规划信息（配对 t 检验，$p=0.028<0.05$）

和图标辅助规划信息（配对 t 检验，$p=0.045<0.05$）条件下的最大方向盘转角均存在显著差异。驾驶经验丰富的参与者之间，不同可视化辅助规划信息下的最大方向盘转角不存在显著差异 $[F(2,63)=2.871, p=0.065>0.05]$；驾驶经验不足的参与者之间，不同可视化辅助规划信息条件下的最大方向盘转角存在显著差异 $[F(2,63)=3.703, p=0.030<0.05]$。

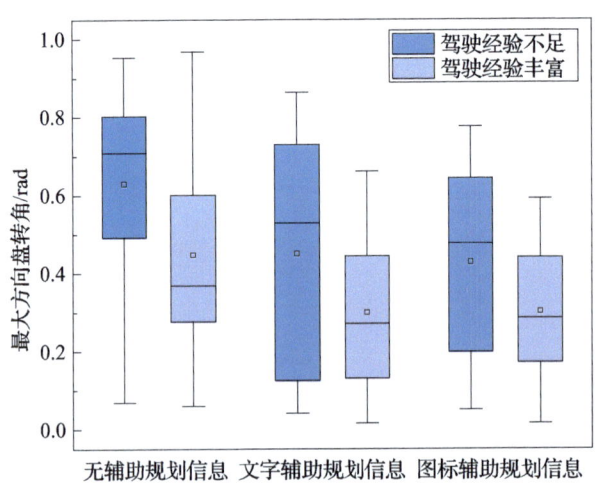

图 5-18 不同驾驶经验参与者最大方向盘转角对比

（4）最大合加速度

实验模拟过程中，没有被提供可视化辅助规划信息时参与者的最大合加速度平均比文字可视化辅助规划信息条件下大 0.359m/s^2，比图标可视化辅助规划信息条件下大 0.528m/s^2，文字可视化辅助规划信息比图标辅助规划信息时大 0.169m/s^2；进行看视频任务参与者的最大合加速度平均比进行玩游戏任务的参与者的最大合加速度小 0.16m/s^2。图 5-19 所示为不同 NDRT 与可视化辅助规划信息下最大合加速度对比。正态性检验结果显示，各组数据均服从正态分布（p 值分别为 0.209、0.085、0.078、0.391、0.135、0.157，均大于 0.05）；球形检验结果显示满足球形假设（$W=0.882$，近似 $\chi^2=2.502$，$p=0.286>0.05$）。NDRT 与可视化辅助规划信息之间的交互作用对最大合加速度的影响无统计学意义 $[F(2,42)=2.751, p=0.051>0.05]$。进行主效应分析，NDRT 对最大合加速度的影响差异不显著 $[F(1,21)=818, p=0.376>0.05]$；而可视化辅助规划信息对最大合加速度的影响具有显著差异 $[F(2,42)=3.285, p=0.046<0.05]$，事后检验结果显示，无辅助规划信息条件下的最大合加速度比文字辅助规划信息下的最大合加速度大 0.359m/s^2（95% 置信

区间：-0.388~1.083），差异不具有统计学意义（$p=0.388>0.05$），无辅助规划信息条件下的最大合加速度比图标辅助规划信息下大 0.528m/s²（95%置信区间：0.023~1.038），差异具有统计学意义（$p=0.039<0.05$），文字辅助规划信息条件下的最大合加速度比图标辅助规划信息下的大 0.169m/s²（95%置信区间：-0.485~0.850），差异不具有统计学意义（$p=0.697>0.05$）。

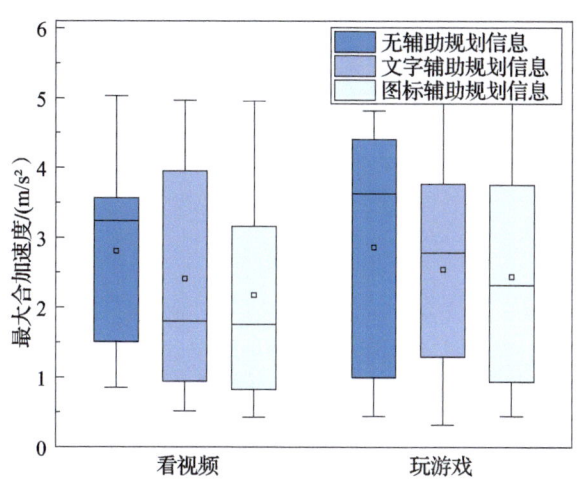

图 5-19　NDRT 和可视化辅助规划信息下最大合加速度对比图

图 5-20 所示为不同驾驶经验参与者在三种可视化辅助规划信息条件下的最大合加速度对比。不同驾驶经验组别的参与者在无辅助规划信息条件下的最大合加速度存在显著差异（配对样本 t 检验，$p=0.015<0.05$），在文字辅助规

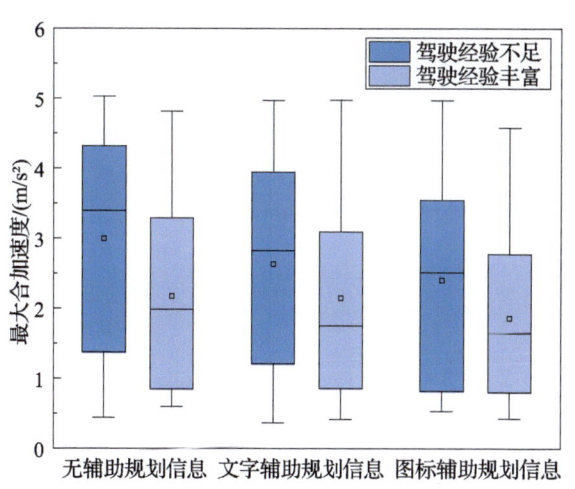

图 5-20　不同驾驶经验参与者最大合加速度对比

划信息（配对样本 t 检验，$p=0.160>0.05$）和在图标辅助规划信息（配对样本 t 检验，$p=0.07>0.05$）条件下的最大合加速度均不存在显著差异。不同可视化辅助规划信息条件下，驾驶经验丰富的参与者之间 $[F(2,63)=0.738, p=0.305>0.05]$ 和驾驶经验不足的参与者之间 $[F(2,63)=0.972, p=0.147>0.05]$ 的最大合加速度均不存在显著差异。

5.4.4 结论

本节通过实验研究了可视化辅助规划信息对自动驾驶接管过程中驾驶员接管绩效的影响。对比分析了实验中记录的操作类型、反应时间和行车数据。结果显示，与仅提供接管信息的 HMI 相比，提供了辅助规划信息的 HMI 接管操作成功率更高，能够帮助驾驶员做出更优的避障决策。可视化辅助规划信息 HMI 对于接管操作的反应时间不存在显著影响，而在最大方向盘转角、方向盘转角标准差、最大合加速度这几个指标上表现出明显的提升。以上分析说明了在自动驾驶接管过程中提供可视化辅助规划信息有助于改善驾驶员的决策，提升接管绩效，使驾驶员更平稳安全地控制车辆。本章的研究可以为将来自动驾驶接管 HMI 的设计提供参考。

参考文献

[1] SAE International. Taxonomy and definitions for terms related to on-road motor vehicle automated driving systems：SAE J3016—2021[S]. Warrendale：SAE International, 2021.

[2] DILLMANN J, DEN HARTIGH R J R, KURPIERS C M, et al. Keeping the driver in the loop through semi-automated or manual lane changes in conditionally automated driving [J]. Accident Analysis and Prevention, 2021, 162：106397.

[3] MARBERGER C, MIELENZ H, NAUJOKS F, et al. Understanding and applying the concept of "driver availability" in automated driving[C]//9th International Conference on Applied Human Factors and Ergonomics(AHFE). [S. l.：s. n.], 2018：595 – 605.

[4] NAUJOKS F, BEFELEIN D, WIEDEMANN K, et al. A review of non-drivingrelated tasks used in studies on automated driving [C]//8th International Conference on Applied Human Factors and Ergonomics Advances in Intelligent Systems and Computing. [S. l.：s. n.], 2017, 525 – 537.

[5] DOGAN E, RAHAL M C, DEBORNE R, et al. Transition of control in a partially automated vehicle：Effects of anticipation and non-drivingrelated task involvement[J]. Transportation Research Part F：Traffic Psychology and Behaviour, 2017, 46(46)：205 – 215.

[6] 钮建伟, 张雪梅, 孙一品, 等. 险情中驾驶人接管自动驾驶车辆的驾驶行为研究[J]. 中国公路学报, 2018, 31(6)：272 – 280.

[7] 林子鉴, 严伟华, 陈丰, 等. 自动驾驶中不同变量对驾驶人接管时间和心率的影响[J]. 上海公

路学报,2019(3):75-80.

[8] 王抢,朱彤,朱可宁,等. 视觉与听觉次任务对驾驶人视觉的影响及差异[J]. 安全与环境学报,2014,14(4):49-52.

[9] 鲁光泉,赵鹏云,王兆杰,等. 自动驾驶中视觉次任务对年轻驾驶人接管时间的影响[J]. 中国公路学报,2018,31(4):165-171.

[10] FREDERIK N, SIMON H, CHRISTIAN P, et al. From partial and high automation to manual driving: Relationship between non-driving related tasks, drowsiness and take-over performance[J]. Accident Analysis & Prevention, 2018(121): 28-42.

[11] EBRU D, VINCENT H, STEPHAN M, et al. Effects of non-driving-related tasks on takeover performance in different takeover situations in conditionally automated driving[J]. Transportation Research Part F: Traffic Psychology and Behaviour, 2019(62): 494-504.

[12] LIN R, LIU N, MA L, et al. Exploring the self-regulation of secondary task engagement in the context of partially automated driving: A pilot study[J]. Transportation Research Part F: Traffic Psychology and Behaviour, 2019(64): 147-160.

[13] DE WINTER J C, HAPPEE R, MARTENS M H, et al. Effects of adaptive cruise control and highly automated driving on workload and situation awareness: A review of the empirical evidence[J]. Transportation Research Part F: Traffic Psychology and Behaviour, 2014, 27: 196-217.

[14] ZEEB K, BUCHNER A, SCHRAUF M. What determines the take-over time? An integrated model approach of driver take-over after automated driving[J]. Accident Analysis & Prevention, 2015(78): 212-221.

[15] ENDSLEY M R. Measurement of situation awareness in dynamic systems[J]. Human Factors, 1995, 37: 65-84.

[16] GUGERTY L. Handbook for driving simulation in engineering, medicine and psychology[M]. New York: CRC Press, 2011.

[17] KASS S J, COLE K S, Stanny C J. Effects of distraction and experience on situation awareness and simulated driving[J]. Transportation Research Part F: Traffic Psychology and Behaviour, 2007, 10(4): 321-329.

[18] HEENAN A, HERDMAN C M, BROWN M S, et al. Effects of conversation on situation awareness and working memory in simulated driving[J]. Human Factors, 2014, 56(6): 1077-1092.

[19] SCOTT-PARKER B, REGT T D, JONES C, et al. The situation awareness of young drivers, middle-aged drivers, and older drivers: Same but different? [J]. Case Studies on Transport Policy, 2020, 8(1): 206-214.

[20] ZHANG T, YANG J, LIANG N, et al. Physiological measurements of situation awareness: A systematic review[J]. Human Factors, 2020. DOI: 10.1177/0018720820969071.

[21] BANKS V A, STANTON N A. Analysis of driver roles: Modelling the changing role of the driver in automated driving systems using EAST[J]. Theoretical Issues in Ergonomics Science, 2019, 20(3): 284-300.

[22] ERIKSSON A, STANTON N A. Takeover time in highly automated vehicles: Noncritical transitions to and from manual control[J]. Human Factors: The Journal of the Human Factors and Ergonomics Society, 2017, 59: 689-705.

[23] GOLD C, KÖRBER M, LECHNER D, et al. Taking over control from highly automated vehicles in complex traffic situations[J]. Human Factors: The Journal of the Human Factors and Ergonomics Society, 2016, 58: 642-652.

[24] NAUJOKS F, MAI C, NEUKUM A. The effect of urgency of takeover requests during highly automated driving under distraction conditions[C]//5th International Conference on Applied Human Factors and Ergonomics. [S. l. : s. n.], 2014.

[25] BRANDENBURG S, CHUANG L. Take-over requests during highly automated driving: How should they be presented and under what conditions?[J] Transportation Research Part F: Traffic Psychology and Behaviour, 2019, 66: 214–225.

[26] BOROJENI S S, BOLL S C, HEUTEN W, et al. Feel the movement: Real motion influences responses to take-over requests in highly automated vehicles[C]//2018 CHI Conference on Human Factors in Computing Systems Association for Computing Machinery. [S. l. : s. n.], 2018.

[27] BAZILINSKYY P, PETERMEIJER S M, PETROVYCH V, et al. Take-over requests in highly automated driving: A crowdsourcing survey on auditory, vibrotactile, and visual displays[J]. Transportation Research Part F: Traffic Psychology and Behaviour, 2018, 56: 82–98.

[28] HERGETH S, LORENZ L, KREMS J F. Prior familiarization with takeover requests affects drivers' takeover performance and automation trust[J]. Human Factors: The Journal of the Human Factors and Ergonomics Society, 2017, 59: 457–470.

[29] LÖCKEN A, HEUTEN W, BOLL S. Supporting lane change decisions with ambient light[C]//The 7th International Conference on Automotive User Interfaces and Interactive Vehicular Applications. [S. l. : s. n.], 2015.

[30] CAPALAR J, OLAVERRI-MONREAL C. Hypovigilance in limited self-driving automation: Peripheral visual stimulus for a balanced level of automation and cognitive workload[C]//Proceedings of the IEEE Conference on Intelligent Transportation Systems ITSC. New York: IEEE, 2017.

[31] DETTMANN A, BULLINGER A C. Spatially distributed visual, auditory and multimodal warning signals——A comparison[C]//Proceedings of the Human Factors and Ergonomics Society Europe. [S. l. : s. n.], 2017.

[32] KIM J W, YANG J H. Understanding metrics of vehicle control take-over requests in simulated automated vehicles[J]. International Journal of Automotive Technology, 2020, 21: 757–770.

[33] SCHARFE M S L, ZEEB K, Russwinkel N. The impact of situational complexity and familiarity on takeover quality in uncritical highly automated driving scenarios[J]. Information, 2020, 11(2): 115.

[34] PETERSEN L, ROBERT L, YANG J, et al. Situational awareness, driver's trust in automated driving systems and secondary task performance[J/OL]. SAE International Journal of Connected and Automated Vehicles, 2019. http://doi.org/10.48550/arxiv.1903.05251.

[35] MOK B K-J, JOHNS M, LEE K J, et al. Emergency, automation off: Unstructured transition timing for distracted drivers of automated vehicles[C]//2015 IEEE Intelligent Transportation Systems Conference (ITSC). New York: IEEE, 2015.

[36] TELPAZ A, RHINDRESS B, ZELMAN I, et al. Haptic seat for automated driving: preparing the driver to take control effectively[C]//7th International Conference on Automotive User Interfaces and Interactive Vehicular Applications. [S. l. : s. n.], 2015.

[37] SCHWALK M, KALOGERAKINS N, MAIER T. Driver support by a vibrotactile seat matrix——Recognition, adequacy and workload of tactile patterns in take-over scenarios during automated driving[J]. Procedia Manufacturing, 2015, 3: 2466–2473.

[38] VICTOR T W, TIVESTEN E, GUSTAVSSON P, et al. Automation expectation mismatch: Incorrect prediction despite eyes on threat and hands on wheel[J]. Human Factors: The Journal of the Human

Factors and Ergonomics Society, 2018, 60: 1095 – 1116.

[39] WINTERSBERGER P, GREEN P, RIENER A. Am I driving or are you or are we both? A taxonomy for handover and handback in automated driving[C]// Proceedings of the 9th International Driving Symposium on Human Factors in Driver Assessment, Training, and Vehicle Design: Driving Assessment. [S. l. : s. n.], 2017.

[40] PARASURAMAN R, SHERIDAN T B, WICKENS C D. A model for types and levels of human interaction with automation[J]. IEEE Transactions on Systems, Man, and Cybernetics Part A: Systems and Humans, 2000, 30(3): 286 – 297.

[41] KERSCHBAUM P, LORENZ L, BENGLER K. A transforming steering wheel for highly automated cars[C]//2015 IEEE Intelligent Vehicles Symposium (IV). New York: IEEE, 2015.

[42] MCDONALD A D, ALAMBEIGI H, ENGSTRÖM J, et al. Toward computational simulations of behavior during automated driving takeovers: A review of the empirical and modeling literatures[J]. Human Factors, 2019, 61(4): 642 – 688.

[43] OLAVERRI-MONREAL C, KUMAR S, DÍAZ-ÁLVAREZ A. Automated driving: Interactive automation control system to enhance situational awareness in conditional automation [C]// Proceedings of the IEEE Intelligent Vehicles Symposium. New York: IEEE, 2018.

[44] PETERMEIJER S M, BAZILINSKYY P, BENGLER K J, et al. Takeover again: Investigating multimodal and directional TORs to get the driver back into the loop[J]. Applied Ergonomics, 2017, 62: 204 – 215.

[45] 徐筱秦, 冯忠祥, 李靖宇. 驾驶员接管自动驾驶车辆研究进展[J]. 交通信息与安全, 2019, 37 (5): 1 – 8.

[46] 张子健. 人机共驾模式下多模态刺激对驾驶员情景意识唤醒及接管评价研究[D]. 重庆: 重庆大学, 2019.

[47] BEDNY G, MEISTER D. Theory of activity and situation awareness[J]. International Journal of Cognitive Ergonomics, 1999, 3: 63 – 72.

[48] LANDRY S J. A mathematical structure relating situation knowledge to performance[J]. Theoretical Issues in Ergonomics Science, 2018, 19: 498 – 512.

[49] GOLD C, HAPPEE R, BENGLER K J. Modeling take-over performance in level 3 conditionally automated vehicles[J]. Accident Analysis & Prevention, 2018, 116: 3 – 13.

[50] DOGAN E, RAHAL M C, DEBORNE R, et al. Transition of control in a partially automated vehicle: Effects of anticipation and non-driving-related task involvement[J]. Transportation Research Part F: Traffic Psychology and Behaviour, 2017, 46: 205 – 215.

[51] VOGELPOHL T, KÜHN M, HUMMEL T, et al. Asleep at the automated wheel – Sleepiness and fatigue during highly automated driving[J]. Accident Analysis and Prevention, 2019, 126: 70 – 84.

[52] CLARK H, FENG J. Age differences in the takeover of vehicle control and engagement in non-driving-related activities in simulated driving with conditional automation[J]. Accident Analysis and Prevention, 2017, 106: 468 – 479.

[53] CLARK H, MCLAUGHLIN A C, WILLIAMS B, et al. Performance in takeover and characteristics of non-driving related tasks during highly automated driving in younger and older drivers[C]//Human Factors and Ergonomics Society 61st Annual Meeting. [S. l. : s. n.], 2017.

智能汽车人机交互

第 6 章
L3 级自动驾驶接管过程的方向触觉引导模式研究

在 L3 级有条件自动驾驶中，合理设计接管请求十分重要。本章研究了在自动驾驶模式向人工驾驶控制权转移过程中，方向触觉引导对于紧急避障场景下驾驶员的接管表现的影响。18 名参与者在驾驶模拟器中驾驶一辆 L3 级有条件自动驾驶的汽车在双向四车道的城市道路上行驶，在执行非驾驶相关任务的情况下进行接管并避障。对接管过程中驾驶员的接管绩效进行了测量，并通过问卷调查收集了驾驶员的主观评价数据，随后对这些数据进行了统计分析。得到以下结论：在提供远离危险方向信息的振动触觉接管请求下，驾驶员的接管时间显著短于不提供方向信息的振动触觉的接管请求；提供远离危险方向信息的振动触觉接管请求在交互体验和情绪体验以及用户体验上均优于不提供方向信息的振动触觉接管请求，具有显著差异性。

6.1 引言

在自动驾驶向人工驾驶的过渡过程中，接管提示模块扮演着"唤醒者"与"指引者"的双重角色。合理的接管请求能够提高驾驶员的接管效率，降低潜在的接管风险，是确保 L3 级自动驾驶安全运行的关键环节。自动驾驶系统在设计接管请求机制时，考虑接管请求的模态选择与碰撞时间（TTC）[1]至关重要，这两个方面直接影响驾驶员能否及时、有效地响应并安全接管车辆。

接管请求模态包括视觉、听觉、触觉等多种感官渠道以及它们的不同组合方式，用于向驾驶员传达接管控制的紧迫性与必要性。研究表明，视觉是驾驶员获取环境信息的最主要途径[2]，视觉模态接管请求能够直观地传达接管需求，但只有当接管请求出现在驾驶员视野内时才能生效。因此，在某些情况下，视觉接管请求模态可能不够及时有效。听觉模态的接管请求可以有效解决单视觉模态下驾驶员错过接管请求的问题，所以得到了广泛的应用和研究[3]。听觉模态接管请求可分为两类，即非语音类、语音类接管请求[4]。对于单听觉模态接管请求，在非语音类接管请求下，驾驶员具有较快的反应时间[5]。尽管人类可以较容易地在短时间内掌握多种抽象提示音的不同含义[6]，但语音类接管请求可以更直观地传递信息，也能避免混淆提示音的状况。

在提醒驾驶员注意的 TOR 各种模式中，振动触觉警报具有明显的优势，例如无须注视，并且触觉信息的传递具有精准的指向性[7]，可以避免对驾驶员以外的成员造成影响。此外，触觉模态的接管请求不占用驾驶员的视觉和听觉资源，因此可以在一定程度上避免对驾驶员感知周围交通环境造成干扰，并部分缓解由于接管请求而导致的驾驶员信息过载问题[8]。Telpaz 等人研究发现，触觉模态接管请求能够加快驾驶员情境意识的恢复[9]。Wan 等人提出触觉接管请求模态下接管绩效更好[10]。Scott 等人提出当振动触觉显示用于警告追尾碰撞时，其制动时间短于视觉或听觉显示[11]。人的皮肤中嵌入了许多不同种类的感受器，每一种感受器都能够接收或转换不同类型的感觉输入[12]，触觉反馈的合理设计可传递多样的信息。有几项研究探讨了调整显示参数和应用不同设计对驾驶员的反应时间、表现和感知的影响[13]，其中一个参数就是警报的方向性。Petermeijer 等[14]研究发现，对于没有经过专门培训的驾驶员，无论听觉还是触觉交互方式，带有方向的提示都不会导致驾驶员做出相应的方向响应，例如，驾驶员左侧的振动触觉警报不会导致向左侧车道变道的操作响应，更加明确的语义指令信息或许在接管过程中更加有效。

本章的主要研究内容是：分析在自动驾驶模式向人工驾驶控制权转移过程中，方向触觉引导对于紧急避障场景下驾驶员的接管表现的影响，测量了从接管请求发出到接管后阶段的数据。研究的预期是在需要驾驶员接管并进行紧急避障的场景下，提供远离危险方向信息的触觉接管请求和不提供方向信息的相比，有助于提高驾驶员的接管绩效。

6.2 方法

6.2.1 参与者

参加本次研究的共有 18 人，其中有 11 名女生和 7 名男生，均为本科生，年龄在 20~22 岁之间，平均年龄 21.4 岁，标准差 0.61 岁，均持有有效中华人民共和国机动车驾驶证,以前没有过自动驾驶相关经验。所有参与者视力正常或矫正视力正常,振动敏感度正常。

6.2.2 设备

1. 驾驶模拟器

试验在 INFO instrument 开发的柔性座舱上进行,该座舱由力反馈方向盘系统、力反馈踏板系统、声音仿真系统(仿真模拟环境背景音)、中控液晶屏(15.6in,分辨率为 1920×1080)组成,试验设备及试验环境如图 6-1 所示。本试验设计模拟的是 L3 级自动驾驶,在试验过程中,自动驾驶功能启动后,参与者的手、脚、眼、注意力可以脱离驾驶任务。

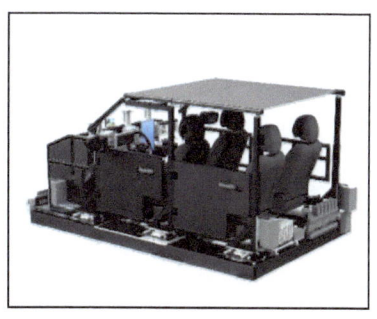

图 6-1 试验设备及试验环境

2. 触觉设备

触觉设备为振动触觉信号生成靠垫,如图 6-2 所示,其包含 64 个扁平偏心质量振动电动机,按 8 行 8 列均匀布置在大小为 460mm×460mm 的柔性基板

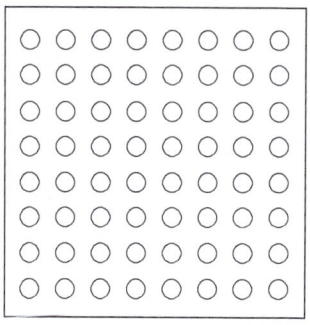

图 6-2 振动触觉设备

上，行列间距为60mm，靠垫外部用布套进行包裹。之所以选择靠背而不是座垫，是因为靠背比臀部和大腿对振动的敏感度更高[15]，而且靠背的感知区域更连续、更大、更平坦。此外，来自座垫的振动被认为更具侵扰性[16]，可能会影响乘员的舒适度和健康。扁平振动电动机额定电压为3V DC，额定转速为12000r/min。使用Arduino Mega 2560印制电路板对振动电动机进行控制，产生信号时振动持续时间为1s。

6.2.3 驾驶场景

用SILABAEdit搭建长约4000m、宽14m的双向四车道城市道路场景。试验开始后，车辆从静止加速至45km/h后匀速行驶在城市道路环境中。车辆会随机在左侧或右侧车道上开始自动驾驶模式，两侧车道上分别具有需要驾驶员接管车辆并进行紧急避障的障碍物，如图6-3所示。

图6-3 城市道路避障场景

要求参与者在接收到接管请求后迅速响应，以确保能够安全地接管车辆进行避障操作。在收到接管请求后，参与者可采取转动方向盘的方式，停用自动驾驶系统并恢复手动驾驶。在试验设计中，采用接管请求和非驾驶相关任务随机呈现的方法，降低学习效应并增强试验的可靠性。

6.2.4 接管请求

本试验中采用两种接管请求，一种为不提供方向信息的振动触觉接管请求，响应区域和方式为从上向下的第二行电动机产生振动，如图6-4a所示；另一种为提供远离危险方向信息的振动触觉接管请求，当提醒驾驶员向左避障时，驾驶员背部左边第二列电动机产生振动，反之当提醒驾驶员向右避障时，驾驶员背部右边第二列电动机产生振动，如图6-4b、c所示。

a)　　　　　　　　　b)　　　　　　　　　c)

图6-4　振动触觉设备

6.2.5　非驾驶相关任务

每当自动驾驶开始时，参与者会被要求进行指定的非驾驶相关任务。本研究选择自然任务中的视觉与认知组合任务（看视频）和视觉、认知与运动组合任务（玩游戏）两种常见的非驾驶相关任务进行试验，如图6-5所示。

图6-5　非驾驶相关任务

6.2.6　因变量

1. 客观指标

目前已有许多学者对自动驾驶接管绩效的量化进行了研究，并提出了一系列接管绩效评价指标。接管绩效评价指标主要可分为时间和质量两大类[17]。

在本试验中，为了得到参与者在自动驾驶系统切换至人工驾驶模式时的接管绩效，采用了以下几种客观测量指标：

1）接管时间：从接管请求发出到第一个可检测的转向或制动输入之间的时间，单位为 s。

2）最大方向盘转角：从接管请求发出到完成接管为止，驾驶员转动方向盘角度的最大值，单位为 rad。

3) 方向盘转角标准差：从接管请求发出到完成接管为止，驾驶员转动方向盘角度的标准差，单位为 rad。

4) 最大横向加速度：从接管请求发出到完成接管为止，车辆的最大横向加速度，单位为 m/s^2。

2. 主观指标

为了全面评估接管过程的效果，除了需要对接管时间和车辆数据进行分析，还要对参与者的主观体验进行测评。在本研究中采用主观评价法的问卷调查法作为主要工具，以量化分析自动驾驶接管过程中的用户体验。基于用户体验需求层级的理论框架，设计了针对 L3 级自动驾驶接管过程的调查问卷。结合关于用户体验要素的理论分析及试验内容，选择感官体验、交互体验以及情感体验作为参考要素，分析本试验中的用户体验得分。各体验要素的具体评分标准见表 6-1。本问卷采用李克特 5 级评分法进行计分，最高分为 5 分。本问卷调查借助问卷星平台进行。

表 6-1 用户体验要素评分标准

用户体验要素	评分标准
感官体验	座椅靠垫的振动强度是否合适
交互体验	接管请求的内容是否能正确传递；能否快速意识到风险；接管请求的设计是否合理
情感体验	接管过程是否感到心情舒畅，紧张和不安的情绪少；接管过程中是否感到趣味性

6.2.7 试验流程

参与者抵达实验室后，先向其介绍本试验目的、试验流程和要求以及试验设备等。然后让参与者坐上驾驶模拟器，调整座椅到合适的位置，可以清楚看到驾驶场景，以及能清晰感受到座椅靠垫振动，让其体验不同接管请求并解释不同接管请求的含义。随后让参与者进行 5~10min 的练习试验，在此期间，他们练习了由自动驾驶切换到手动驾驶的接管过程以及在不同接管请求下接管车辆，这与实际试验中的接管请求类型相同。要求在自动驾驶期间，参与者专注于非驾驶相关任务，不必时刻监控驾驶环境。

本试验采用 2（TOR 类型）× 2（NDRT 类型）的试验设计，在正式试验中，每位参与者都要进行 4 次接管试验。每次试验包括 3min 左右的自动驾驶，随后出现不提供方向的振动信号或提供方向的振动信号,当参与者收到接管请求后,需要立即停止从事的非驾驶相关任务,接管车辆。为了减小重复学习效应,4次试验中接管请求及非驾驶相关任务的出现顺序随机。一次试验运行结束后,参与者休息 2~3min,试验人员记录保存数据、更换试验场景。4次试验结束后,参与者需要填写一份试验后调查问卷,从而了解他们对本试验中不同接管请求的体验与偏好。

6.3 结果

为了准确测量和分析上述测量指标,对采集的试验数据进行处理,分别得到接管时间、最大方向盘转角、方向盘转角标准差、最大横向加速度数据统计表格,并对处理后的数据进行可视化展示。在统计学分析中,借助 IBM SPSS 软件进行深入的数据挖掘。通过两因素重复测量方差分析,比较不同接管请求方式下驾驶员接管时间和接管质量的差异。通过曼-惠特尼(Mann-Whitney)U 检验对驾驶员的感官体验、交互体验、情绪体验以及整体用户体验进行对比分析。利用问卷星平台的统计与分析功能板块收集用户体验要素得分数据,并分别得到单个问题的统计数据。上述数据的具体分析结果如下。

6.3.1 接管时间

分析可知,对于非驾驶相关任务是看视频任务的接管过程,在没有提供方向的振动触觉接管请求下,参与者的平均接管时间比提供方向的振动触觉接管请求长 0.056s;对于玩游戏任务的接管过程,在没有提供方向的振动触觉接管请求下,参与者的平均接管时间比提供方向的振动触觉接管请求长 0.092s。图 6-6 所示为不同 NDRT 与接管请求方式下接管时间的对比。进行正态性检验,结果显示各组数据均服从正态分布(p 值分别为 0.786、0.338、0.999、0.443,均大于 0.05)。NDRT 与接管请求之间的交互作用对接管时间的影响无统计学意义($p=0.436>0.05$)。进行主效应分析,NDRT 对接管时间的影响差异不显著($p=0.080>0.05$);而接管请求对接管时间的影响具有显著差异($p=0.045<0.05$),事后检验显示,在提供方向的振动触觉接管请求下的接管时间比没有提供方向的振动触觉接管请求下的接管时间快 0.074s,差异具有统计学意义,$p=0.045$。

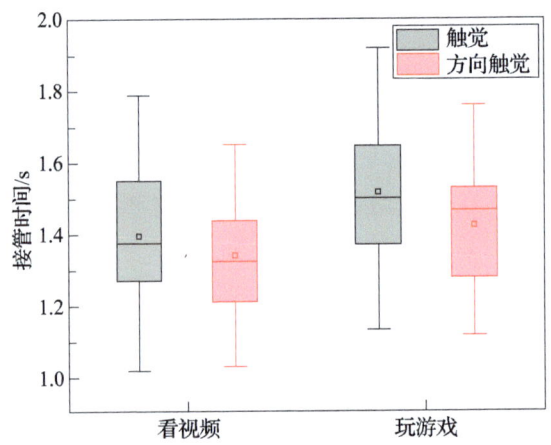

图6-6 不同 NDRT 与接管请求方式下接管时间的对比

6.3.2 最大方向盘转角

图6-7所示为不同 NDRT 与不同接管请求方式对最大方向盘转角的影响。正态性检验结果显示，各组数据均服从正态分布（p 值分别为 0.248、0.111、0.181、0.638，均大于 0.05）。NDRT 与接管请求之间的交互作用对最大方向盘转角的影响没有统计学意义（$p=0.444>0.05$）。进行主效应分析，看视频任务下的最大方向盘转角比玩游戏任务下的最大方向盘转角大 0.064 rad，但分析结果差异不显著（$p=0.392$）；提供方向的振动触觉接管请求比没有提供方向的振动触觉接管请求的最大方向盘转角大 0.007 rad，分析结果不支持差异显著性（$p=0.929$）。

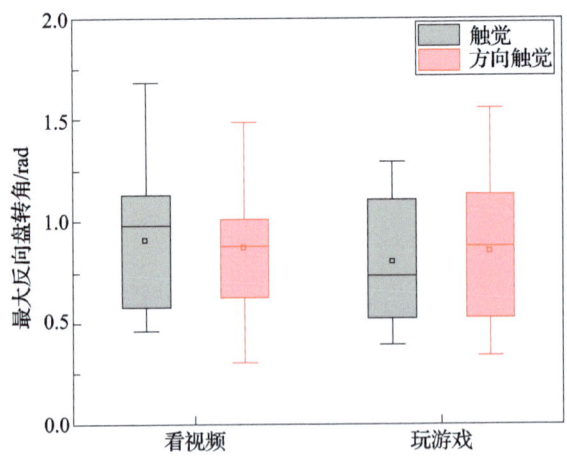

图6-7 不同 NDRT 与不同接管请求方式对最大方向盘转角的影响

6.3.3 方向盘转角标准差

图 6-8 所示为不同 NDRT 与不同接管请求方式对方向盘转角标准差的影响。正态性检验结果显示,各组数据均服从正态分布(p 值分别为 0.224、0.175、0.218、0.490,均大于 0.05)。NDRT 与接管请求之间的交互作用对方向盘转角标准差的影响没有统计学意义($p = 0.331 > 0.05$)。进行主效应分析,看视频任务下的方向盘转角标准差比玩游戏任务下的方向盘转角标准差大 0.010 rad,但分析结果差异不显著($p = 0.812$);没有提供方向的振动触觉接管请求比提供方向的振动触觉接管请求的方向盘转角标准差大 0.006 rad,分析结果不支持差异显著性($p = 0.876$)。

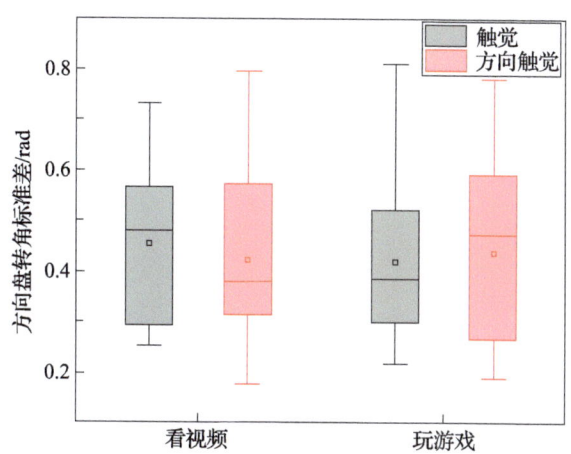

图 6-8 不同 NDRT 与不同接管请求方式对方向盘转角标准差的影响

6.3.4 最大横向加速度

对数据进行分析可知,在没有提供方向的振动触觉接管请求下,参与者进行看视频任务后的最大横向加速度平均比玩游戏任务后的最大横向加速度大 0.170m/s^2;在提供方向的振动触觉接管请求下,参与者进行看视频任务后的最大横向加速度平均比玩游戏任务后的最大横向加速度大 0.073m/s^2。图 6-9 所示为不同 NDRT 与不同接管请求方式下最大横向加速度对比。正态性检验结果显示,各组数据均服从正态分布(p 值分别为 0.253、0.253、0.840、0.385,均大于 0.05)。NDRT 与接管请求方式之间的交互作用对最大横向加速度的影响没有统计学意义($p = 0.489 > 0.05$)。进行主效应分析,看视频任务下的最大横向加速度比玩游戏任务下的最大横向加速度大 0.121m/s^2，但分析结果差异不显著性（$p=0.205$）；提供方向的振动触觉接管请求比没有提供方向的振动触觉接管请求的最大横向加速度大 0.027m/s^2，分析结果不支持差异显著性（$p=0.771$）。

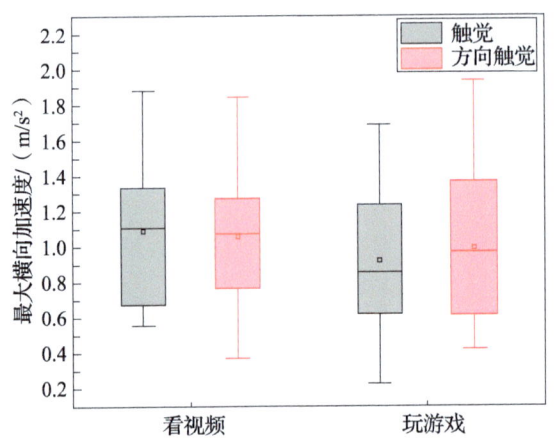

图 6-9　不同 NDRT 与不同接管请求方式下最大横向加速度对比

6.3.5　用户体验

用户体验的得分等于感官体验、交互体验、情感体验三个用户体验要素的得分乘以其权重的和，没有提供方向与提供方向的振动触觉接管请求下的各用户体验要素得分和用户体验得分如图 6-10 所示。由图可知，提供方向的振动触觉接管请求下的各用户体验要素得分和用户体验得分均高于没有提供方向的振动触觉接管请求。

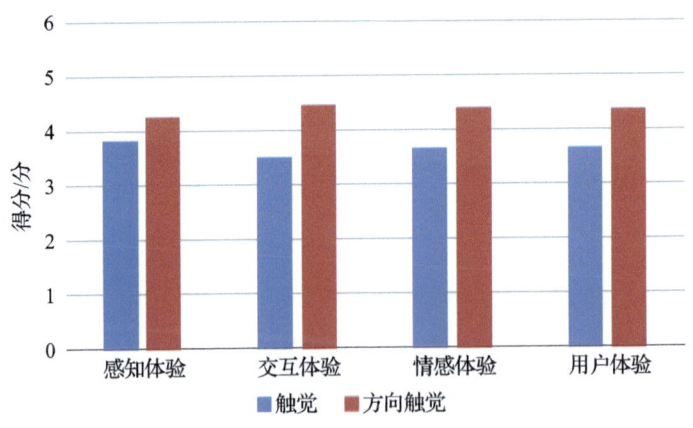

图 6-10　不同接管请求下的用户体验要素得分

采用曼-惠特尼 U 检验分析在没有提供方向与提供方向的振动触觉接管请求下,各个用户体验要素得分和用户体验得分是否具有显著性差异,结果见表 6-2,其中,z 值为标准化检验统计量。分析结果显示,在没有提供方向与提供方向的振动触觉接管请求下的用户体验要素得分中,感官体验没有显著性差异($p=0.063$),交互体验($p=0.001$)、情感体验($p=0.005$)具有显著性差异;并且用户体验也具有显著性差异($p=0.000$)。

表 6-2 用户体验要素得分分析结果

类型	曼-惠特尼 U 检验	z	渐近显著性(双尾)
感官体验	108.000	-1.861	0.063
交互体验	65.500	-3.239	0.001
情感体验	79.000	-2.802	0.005
用户体验	51.500	-3.541	0.000

6.3.6 问卷数据分析

本试验总共收到 18 份有效问卷,问卷中采用李克特 5 级评分法,以下 5 题每题最低分为 1 分,最高分为 5 分,分析结果如下。

1)试验中是否有不适感。排除参与者自身身体状态对试验结果的影响。平均分为 4.44,5 分为"无任何不适",选择"4"的人数占 55.56%,选择"5"的人数为 44.44%,如图 6-11 所示,说明被试在试验中的试验状态良好。

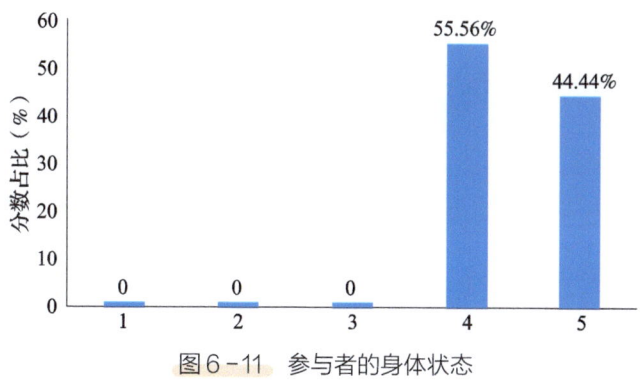

图 6-11 参与者的身体状态

2)非驾驶相关任务对感知接管请求的影响。了解参与者在执行不同非驾驶相关任务时,是否能清晰感知振动触觉接管请求,5 分为"完全不影响"。在看视频任务下的平均分为 4.17,选择"4"的人数最多,占 61.11%;玩游戏任务下的平均分为 4.11，选择"4"的人数也最多，占 55.56%，如图 6-12 所示。说明看视频和玩游戏任务基本不会影响被试对振动触觉接管请求的感知。

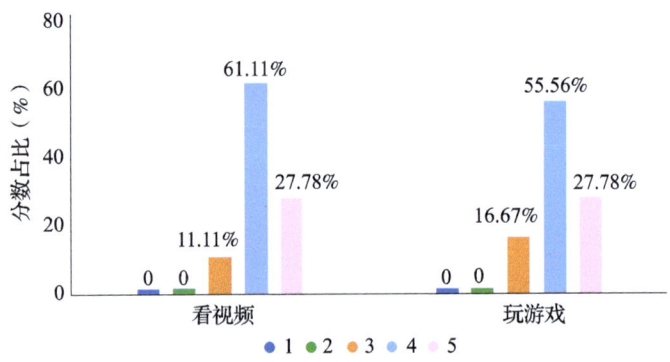

图 6-12 非驾驶相关任务对感知接管请求的影响

3）试验中完全专注于非驾驶相关任务。通过参与者对于此问题的回答，可以了解参与者是否在完全放松状态下收到接管请求，5 分为"完全符合"，结果如图 6-13 所示。看视频和玩游戏任务下的平均分都为 4.06，都是选择"4"的人数最多，占 61.11%。说明被试虽然在试验过程中较为专注于非驾驶相关任务，但仍然保留了一部分的注意力资源用于感知座椅振动。

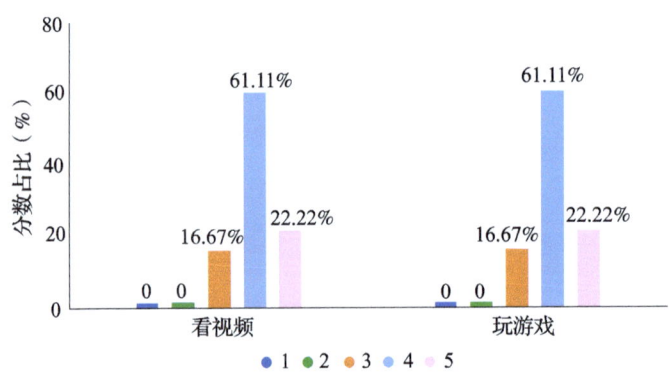

图 6-13 非驾驶相关任务专注程度

4）问卷的最后一个问题统计了被试对于接管请求方式的偏好。选项"1"为"振动"，选项"2"为"方向振动"，平均分为 1.78，选择选项"2"的人数较多，占 77.78%，如图 6-14 所示。说明被试在进行非驾驶相关任务的状态下，倾向于选择提供方向的振动触觉接管请求来帮助其完成自动驾驶到手动驾驶的切换。

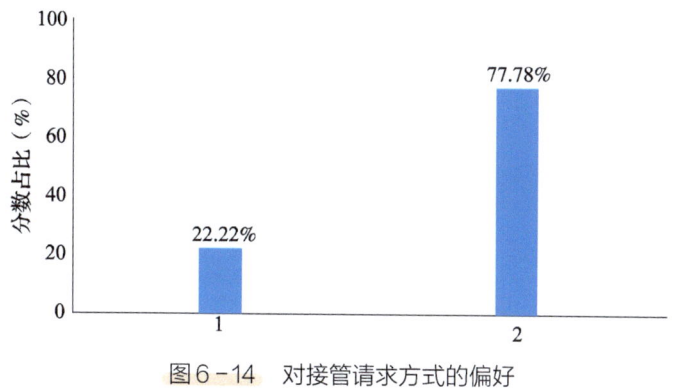

图 6-14 对接管请求方式的偏好

6.4 结论

本章针对 L3 自动驾驶的接管过程，设计了两种接管请求方式：一种是提供远离危险方向信息的振动触觉接管请求，另一种是不提供方向信息的振动触觉接管请求。这种设计旨在探究在紧急避障场景下，两种不同的接管请求方式对驾驶员接管过程的影响。对不同接管请求方式和非驾驶相关任务下的接管绩效，包括接管时间、最大方向盘转角、方向盘转角标准差和最大横向加速度，以及用户体验进行了测量，并对其进行了统计分析，得到以下结论。

（1）接管绩效

对接管时间进行分析的结果表明，看视频任务下的接管时间平均低于相应接管请求方式下玩游戏任务的接管时间。在提供远离危险方向信息的振动触觉接管请求下，驾驶员的平均接管时间低于不提供方向信息的振动触觉的接管请求，具有显著性差异。在最大方向盘转角、方向盘转角标准差和最大横向加速度等车辆数据的分析中，不同 NDRT 与不同接管请求方式之间不具有显著性差异。

（2）用户体验

对问卷数据进行分析得到，提供远离危险方向信息与不提供方向信息的振动触觉接管请求在感官体验上不具有显著性差异；而提供远离危险方向信息的振动触觉接管请求在交互体验和情绪体验上优于不提供方向信息的振动触觉接管请求，且具有显著性差异。对各用户体验要素得分进行加权求和得到用户体验得分，提供远离危险方向信息的振动触觉接管请求得分高于不提供方向信息的振动触觉接管请求且具有显著性差异。这表明，在接管请求中提供远离危险方向信息不仅能够缩短驾驶员的接管时间，还能够改善他们的使用体验，使他们在接管过程中感到更加自信和舒适。

参考文献

[1] MCDONALD A D, ALAMBEIGI H, ENGSTROM J, et al. Towards computational simulations of behavior during automated driving take-overs: A review of the empirical and modeling literatures[J]. Human Factors The Journal of the Human Factors and Ergonomics Society, 2019, 61(4): 642 – 688. DOI: 10.1177/0018720819829572.

[2] SUMMALA H, LAMBLE D, LAAKSO M. Driving experience and perception of the lead car's braking when looking at in-car targets[J]. Accident Analysis & Prevention, 1998, 30(4): 401 – 407.

[3] WRIGHT, T J, AGRAWAL R, et al. Effective cues for accelerating young drivers' time to transfer control following a period of conditional automation[J]. Accident Analysis and Prevention, 2018, 116: 14 – 20.

[4] BAZILINSKYY P, PETERMEIJER S M, PETROVYCH V, et al. Take-over requests in highly automated driving: A crowdsourcing multimedia survey on auditory, vibrotactile, and visual displays [J]. Transportation Research Part F Traffic Psychology & Behaviour, 2018, 56: 82 – 98. DOI: 10.1016/j.trf.2018.04.001.

[5] NAUJOKS F, MAI C, NEUKUM A. The effect of urgency of take-over requests during highly automated driving under distraction conditions[C]//International Conference on Applied Human Factors & Ergonomics Ahfe. [S. l.: s. n.], 2014.

[6] BLATTNER M M, DENISE A S, ROBERT M G. Earcons and icons: Their structure and common design principles[J]. Human-Computer Interaction, 1989, 4(1): 11 – 44.

[7] PETERMEIJER S M, WINTER J C F D, BENGLER K J. Vibrotactile displays: A survey with a view on highly automated driving[J]. IEEE Transactions on Intelligent Transportation Systems, 2016, 17(4): 897 – 907.

[8] PREWETT M S, ELLIOTT L R, WALVOORD A G, et al. A Meta-analysis of vibrotactile and visual information displays for improving task performance[J]. IEEE Transactions on Systems Man & Cybernetics Part C, 2011, 42(1): 123 – 132. DOI: 10.1109/TSMCC.2010.2103057.

[9] TELPAZ A, RHINDRESS B, ZELMAN I, et al. Haptic seat for automated driving: Preparing the driver to take control effectively[C]//Proceedings of the 7th International Conference on Automative User Interfaces and Interactive Vehicular Applications. New York: ACM, 2015: 23 – 30.

[10] WAN J, WU C. The effects of vibration patterns of take-over request and non-driving tasks on taking-over control of automated vehicles[J]. International Journal of Human-Computer Interaction, 2017, 34(1): 1 – 12.

[11] SCOTT J J, GRAY R. A comparison of tactile, visual, and auditory warnings for rear-end collision prevention in simulated driving[J]. Human Factors the Journal of the Human Factors and Ergonomics Society, 2008, 50(2): 264 – 275.

[12] BISWAS S, VISELL Y. Emerging material technologies for haptics[J]. Advanced Materials Technologies, 2019, 4(4): 1900042.

[13] PETERMEIJER S M, CIELERS, et al. Comparing spatially static and dynamic vibrotactile take-over

requests in the driver seat[J]. Accident Analysis and Prevention, 2017, 99: 218 – 227.

[14] PETERMEIJER S, BAZILINSKYY P, BENGLER K, et al. Take-over again: Investigating multimodal and directional TORs to get the driver back into the loop[J]. Applied Ergonomics, 2017, 62: 204 – 215. DOI: 10.1016/j.apergo.2017.02.023.

[15] JONES L A, SARTER N B. Tactile displays: Guidance for their design and application[J]. Human Factors, 2008, 50(1): 90. DOI: 10.1518/001872008X250638.

[16] HUANG G J, PITTS B J. To inform or to instruct? An evaluation of meaningful vibrotactile patterns to support automated vehicle takeover performance[J]. IEEE Transactions on Human-Machine Systems, 2022, 53(4): 678 – 687. DOI: 10.1109/THMS.2022.3205880.

[17] CAO Y, ZHOU F, PULVER E M, et al. Towards standardized metrics for measuring takeover performance in conditionally automated driving: A systematic review[C]//65th Annual Meeting of the Human Factors and Ergonomics Society. [S. l.: s. n.], 2021.

智能汽车人机交互

第 7 章
L3 级自动驾驶接管时间预测

接管时间是量化安全接管的关键指标之一,建立能够准确预测驾驶员接管时间的模型显得尤为关键。由于现有研究在很大程度上受限于缺乏公开的接管过程数据集,本章推出 DCPT(Drivers' Cognitive and Physical states during Takeover)数据集,这是一个专注于 L3 级自动驾驶接管过程的多模态数据集。DCPT 包含 40 名参与者在驾驶模拟器上进行的 1080 次接管实验记录,数据模态涵盖上半身视频、第一视角视频、眼动和头部运动数据。同时,针对接管时间预测任务,本章提出一种创新的多模态时序特征融合框架。该框架首先通过设计的新型联合注意力融合模块,有效捕获各模态内部的联合表示;随后,通过跨模态注意力机制实现异步多模态时序数据的深度融合。在 DCPT 数据集上的广泛实验验证了接管时间预测模型的优越性。研究结果对于提高自动驾驶车辆的安全性和用户体验具有重要意义。

7.1 引言

为了确保汽车驾驶权得以从系统向驾驶员平稳过渡,现有研究主要从接管过程的时间和性能等维度开展研究。接管时间通常被定义为从自动驾驶系统发出接管请求到驾驶员首次做出有效驾驶操作所经历的时间间隔[1]。相关研究中将有效驾驶操作定义为驾驶员转动方向盘超过 2°或踩下制动踏板超过总行程 10%[2]。当驾驶员做出这样的操作时,意味着其已经完成了情境意识的恢复和操作决策的制定。除了接管时间,研究者还深入探讨了接管反应时间。与接管时间不同,接管反应时间聚焦于驾驶员的反应特性,包括视觉反应时间(从系统发出接管请求到驾驶员将视线转移到前方道路所消耗的时间)[3]、转向/制动反应时间(从系统发出接管请求到驾驶员将手/脚重新放到方向盘/制动踏板上所消耗的时间)[4]、自动化脱离时间（针对使用按键接管方式的自动驾驶系统，从系统发出接管请求到驾驶员按下接管按键所消耗的时间)[5]。相比之下，接管时间更全面地反映了系统安全性、驾驶员能力，因此在接管评价中具有更加重要的意义[6]。

在接管研究的初期，进行了大量的实证研究来确定影响接管时间和质量的因素，包括驾驶员状态（例如，NDRT[7]、认知负荷[8]、心理特征[9]）、交通环境（例如，交通密度[10]、道路特征[11]、天气条件[12]）、车辆条件（例如，接管请求模态[13]、接管时间限额[11]）。由于上述研究只能定性地体现出接管性能的变化趋势，因此具有较低的现实意义。从提升接管过程安全性的角度出发，自动驾驶系统应能够监测驾驶员的状态和行为，评估驾驶员的警觉程度，并在系统故障时采取适当的行动，以最大限度地降低驾驶风险并保证驾驶员的安全[14]。因此接管时间预测对于提升L3级自动驾驶车辆的安全性有重要意义。

近年来有很多针对接管时间预测的工作被提出，相关研究根据驾驶员的各种状态信息构建模型，例如采用驾驶员手部、脚部视频反映其身体准备情况[14-15]；采用心电等生理信息反映其认知状态[16]；采用眼动数据反映驾驶注意情况[17-18]，但这些研究没有将身体状态和精神状态信息结合起来。文献[19]指出，接管过程既需要身体做好准备，也需要在认知上决定需要进行的操作，仅采用一类状态难以实现准确预测。同时，由于在L3级自动驾驶条件下，不同非驾驶任务对应的交互对象的位置不是固定的，利用眼动数据得到的注视点或兴趣区域难以精确反映驾驶员接管瞬间的注意情况。目前，可穿戴眼动仪或运动摄像头越来越普及，第一视角视频包含有关交互对象和摄像头佩戴者意图的重要信息[20]，因此在该领域具有显著的应用潜力。

虽然近年来很多驾驶员状态相关的数据集被构建，但缺乏针对接管过程的开源数据集。为了促进接管预测模型的研究和开发，本章提出了一个名为DCPT的L3级自动驾驶多模态接管数据集。DCPT数据集包含40名被试者在模拟L3级自动驾驶条件下的1080次接管实验记录。在实验中采用了9种常见的非驾驶任务和随机发生的接管事件，以模拟真实世界中可能遇到的各种情况。为了分别获取被试者身体和精神状态的表征，实验中记录了接管前后驾驶员的多模态状态信息，包括上半身视频、第一视角视频、眼动数据和头部运动数据。

基于DCPT数据集，进一步提出了一种用于预测驾驶员接管时间的模型。由于驾驶员的身体和精神状态需要分别通过对应的数据表征，因此输入数据中包括图像、生理等不同模态。在实际应用中，需要考虑不同模态对时间窗口长度的敏感度不同，并合理处理时序同步和异步的信号成分。这种复杂性增加了训练接管时间预测模型的难度。为了充分发挥多源输入数据的预测作用，本章提出了一种注意力时序融合网络实现不同模态的互补学习。受 Co-attention 模块的启发，通过设计的联合注意力融合模块提取同步视频特征和模态内部联合特征之间的关系。在跨模态融合部分，采用跨模态注意力获得异步的不同模态的融合特征表示。除了提出的模型，还采用其他多模态融合的主流方法构建了对比模型，并测试了其他研究中提出的接管预测模型在 DCPT 数据集上的表现。结果表明本研究具有最好的测试性能。

7.2 相关工作

7.2.1 现有接管数据集

人们对驾驶员状态监测技术已经进行了广泛的研究，最近的研究者开始关注不同自动化水平条件下的驾驶员表现。表 7-1 总结了现有包含接管过程的开源数据集。Lu 等人[21]基于模拟的接管视频片段开展实验，采集了驾驶员观看视频时的眼动数据。Deng 等人[22]基于模拟器实验，记录了驾驶员三种类型的非驾驶任务（观察、1-back 任务和 2-back）条件下的脑电数据（EEG）、皮肤电反应（GSR）和心率（HR）数据。Meteier 等人专注于生理数据的数据集[23]，采集了包括 L3 级在内的不同自动驾驶等级下驾驶员的心电图（ECG）、皮肤电活动（EDA）、呼吸（RESP）数据。最新被提出的 manD 数据集[24]记录了涵盖面部视频、眼动数据、生理和座椅压力驾驶员状态信息，但由于其考虑了多种自动化水平条件，导致 L3 级条件下的样本数量较少。由于接管表现由身体和认知层面共同决定，因此数据集需要记录表征驾驶员身体状态和认知状态的数据。为了补充现有研究的不足，本章构建了专注于 L3 级条件接管过程的多模态数据集 DCPT。对于视觉模态，它记录了驾驶员上半身视频和第一视角视频，分别表征驾驶员状态的身体准备情况和注意力情况。虽然现有研究采用的一些生理信号，如脑电、心电图，具有较高的客观性，但其依赖于侵入性或半侵入性的测量方法，难以实际应用，且可能会影响驾驶员的接管行为，因此本研究选取了较易获取的眼动数据和头部运动数据表征认知状态。

表 7-1　与现有开源接管数据集的对比

数据集	参与人数	实验条件	样本数量	驾驶员状态数据
Lu 等人[21]	32	模拟视频	1056	眼动数据
Deng 等人[22]	20	驾驶模拟器	360	脑电数据（EEG）；皮肤电反应（GSR）；心率（HR）数据
Meteier 等人[23]	14	驾驶模拟器	126	心电图（ECG）；皮肤电活动（EDA）；呼吸（RESP）
manD 1.0[24]	39	驾驶模拟器	273	皮肤电活动（EDA）；光电容积脉搏波（PPG）；心电图（ECG）；脑电数据（EEG）；座椅压力；面部视频；眼动数据
DCPT	40	驾驶模拟器	1080	上半身视频；第一视角视频；眼动数据；头部运动数据

7.2.2　接管时间预测

有条件自动驾驶的接管时间预测是最近研究的主题。Yoon 等人[19]将接管过程分为运动反应和心理反应，基于非驾驶任务的身体、视觉和认知属性选取自变量，利用多元线性回归分析建立预测模型。Ayoub 等人[25]利用极端梯度提升（XGBoost）建立了接管时间预测的机器学习模型，并使用 SHAP 方法解释和分析了不同预测因子对结果的贡献。Chen 等人[26]从个体特征、外部环境和态势感知中提取 15 个基本因素和 3 个动态因素，采用 XGBoost 方法分别构建了基本接管时间预测模型（BM 模型）和包含态势感知变量的 BM + SA 模型。研究结果显示，BM + SA 模型的拟合优度达到了 0.7746。由于真实的接管并不局限于几种预设的场景，这使得特征工程的应用变得复杂且困难。最新的一些工作采用深度学习的方法，自适应地从输入数据中学习特征表示。Pakdamanian 等人[27]提出了一种基于神经网络的模型 DeepTake，将接管时间分为高、中、低三种类别进行预测，最佳结果达到了 93% 的分类精度。Rangesh 等人[14]在真实世界中开展实验，使用采集的视频数据获取驾驶员手部、脚部和注视活动，分别预测身体和精神层面的接管时间。他们所提出的模型在测试集上的最优整体平均绝对误差（Overall MAE）为 0.5208s。先前工作揭示了接管过程需要驾驶员从身体和精神层面回归驾驶任务，为了全面表征接管前的驾驶员状态，需要综合多源输入信息。然而，目前的工作侧重于早期或晚期融合策略。尽管与单模态学习相比，这些融合策略能够提升性能，但它们并未充分考虑不同模态序列元素间的内在关联，而这种关联对于实现有效的多模态融合至关重要。针对以上问题，本研究设计了一种新颖的多模态融合框架，用于实现稳定的接管时间预测。

7.3 接管时间预测数据集

7.3.1 参与者

41 名来自吉林大学的参与者参与了这次实验，由于眼动数据记录设备校准问题，其中 1 人的数据被丢弃。被保留的 40 名参与者（28 名男性和 12 名女性）年龄范围是 18~27 岁（平均年龄 = 24.95 岁，标准差 = 2.62 岁，40 名为中国人）。每名参与者都拥有合格的驾照，平均驾龄 2.75 年（标准差 = 2.62）。由于实验中不能佩戴眼镜，每名参与者都必须具有正常或通过隐形眼镜矫正到正常的视力。参与者被要求在实验前进行良好的休息，在实验中如果参与者感到不适或身体状况不宜，可以随时退出。实验得到了所有参与者的知情同意。

7.3.2 实验设备

实验在以德国 WIVW 公司开发的高仿真驾驶场景软件 SILAB[28]为依托的驾驶模拟器（图 7-1b）中完成，仿真道路场景（图 7-1a）由放置于座舱前方的三折液晶屏幕显示，驾驶舱座舱内部设有仪表盘、后视镜和用于显示视频非驾驶任务的 20in 中央堆叠屏幕，如图 7-1c 所示。采用蓝牙音响播放模拟驾驶时的环境噪声和发动机的声音。

在实验过程中，通过驾驶员佩戴的眼动仪记录第一视角视频、眼动数据和头部运动数据；采用固定摄像头记录上半身视频，如图 7-1d、e 所示。眼动仪

a) 驾驶场景　　b) 固定驾驶模拟器　　c) 实验设置　　d) 摄像头　　e) 眼动仪

图 7-1　驾驶员多模态接管数据采集实验设置

采用 Tobii 公司生产的 Tobii Pro Glasses2 头戴式眼动仪，采样频率为 50Hz。摄像头被固定在驾驶位后方，分辨率为 1920×1080 像素，帧率为 30 帧/s。

7.3.3 实验设计

（1）非驾驶任务

实验中的 NDRT 被作为被试内设计的独立变量。为了模拟真实世界可能出现的场景，共选取了 9 种常见的非驾驶任务，见表 7-2。为了平衡学习效果对实验的影响，每名参与者进行非驾驶任务的顺序不完全相同。在每次实验前，由实验人员指定本次的 NDRT 类型并提供所需的材料，参与者被要求在听或看到接管请求前一直执行规定的 NDRT。每种 NDRT 重复了 3 次实验（每名参与者共 9×3 次）。

表 7-2 研究中使用的非驾驶任务

任务	资源占用	定义
无任务	无	观察道路状况或周围环境
看视频	视觉、听觉、认知	观看中央堆叠屏幕上播放的视频
玩游戏	手部、视觉、听觉、认知	在智能手机或 iPad 上玩游戏
发消息	手部、视觉、认知	与实验者通过微信聊天
打电话	手部、听觉、认知	与实验者通过电话交谈
听广播	听觉、认知	收听音频设备播放的广播
阅读	手部、视觉、认知	阅读提供的材料
进食	手部、认知	食用提供的零食
与乘客聊天	听觉、认知	与坐在前排乘客座椅的实验者聊天

（2）实验场景

在驾驶模拟器配套的场景仿真软件 SILAB 中搭建了长约 4km 的双向二车道城市道路场景，每条车道宽度为 3.5m，在同向和对向车道设定了交通流，天气设定为晴天。在每次实验的模拟自动驾驶系统发出接管请求前，自车保持 40km/h 的自动驾驶状态。

在每次实验开始时，自车保持 40km/h 的自动驾驶状态，驾驶员被要求执行 NDRT 直到他们听到听觉警报或看到中央堆叠屏幕显示的视觉接管提醒。可能的接管事件包括：障碍物、故障车辆、野生动物、其他车辆切入车道。由于在真实世界中，自动驾驶系统或许不会提供准确的接管请求，因此假警报在实验中被采用，用于模拟系统错误地将非危险道路场景归类为需要接管的情况。

在正式实验中,驾驶员从左侧车道出发,可以通过换道避开出现在自动驾驶汽车的前面的接管事件。

7.3.4 实验步骤

本研究为参与者提供了一份文件,它讲述了模拟 L3 级自动驾驶系统的工作模式、他们被期望做的驾驶操作和实验的要求,参与者被要求在进行实验之前阅读并根据要求进行准备。当参与者到达实验室后,他们被给予大约 15min 时间适应室内环境,同时实验人员再次讲述了实验的详细流程。他们被指示在接收到接管请求前进行给定的 NDRT,由于车辆处于自动驾驶模式,不必干预车辆的驾驶或监控道路环境。一旦车辆发出了接管请求,车辆的控制权将完全交给他们,参与者需要立刻停止正在进行的 NDRT 并接管车辆。之后驾驶员佩戴用于采集实验数据的眼动仪,在测试道路场景中进行 5min 的试驾,以熟悉模拟器操作方法和接管请求发出的形式。

当参与者认为可以开始实验后,实验人员为其指定在下次接管前执行的非驾驶任务,校准眼动仪。正式实验的流程如图 7-2 所示,参与者被要求在接管车辆时根据对交通环境的判断和驾驶经验,执行保证自身安全的操作。

参与者每次完成接管操作后,会听到音频指令"自动驾驶启动",之后他们重复指定的 NDRT。当在每种 NDRT 条件下进行了 3 次重复实验后,实验人员让参与者休息并记录数据、更换 NDRT 材料。总的来说,每个参与者花了大约 2h 的时间来完成整个实验。

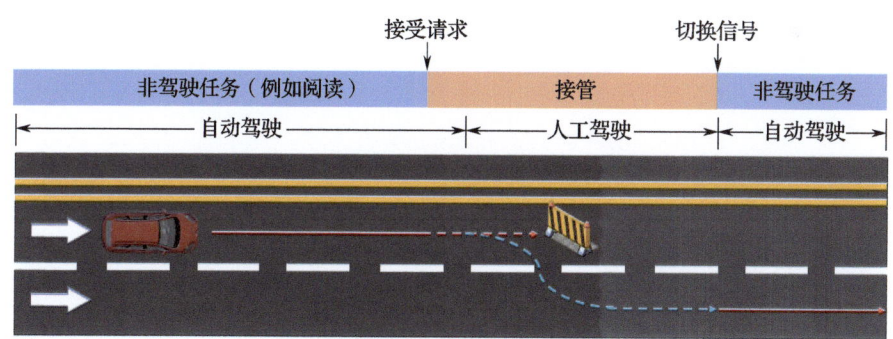

图 7-2 实验流程

7.3.5 数据标注与注释

上半身视频数据由安装在车辆车顶的摄像头以 30 帧/s 的帧率记录,原始视频帧尺寸为 1920×1080 像素。第一视角视频被导出自眼动仪原始数据，为了降低存储占用，选取视频帧尺寸为 1280×720 像素，帧率为 25 帧/s。眼动数据和头部运动数据经过 Tobii Pro Lab 软件处理[29]，得到的特征信息见表 7-3。

对于每组实验记录，记录接管是否成功。由于部分参与者倾向于先操作车辆，之后逐渐建立情景意识和完成决策过程。在接管请求后标注两次，分别对应于驾驶员开始有效操作车辆和对道路场景结束扫视的时刻。根据接管请求发出的时刻，将两者的最大值作为总接管时间。这一过程降低了无意识接管的影响，确保了对驾驶员接管行为的充分评估，更全面地反映了驾驶员的响应能力。

表 7-3 眼动数据和头部运动数据

特征	单位	采样率/Hz
注视点坐标 (X, Y)	像素	50
注视点三维坐标 (X, Y, Z)	像素	50
左眼注视方向 (X, Y, Z)	像素	50
右眼注视方向 (X, Y, Z)	像素	50
左眼瞳孔位置 (X, Y, Z)	mm	50
右眼瞳孔位置 (X, Y, Z)	mm	50
左眼瞳孔直径	mm	50
右眼瞳孔直径	mm	50
滤波后瞳孔直径	mm	50
凝视点坐标 (X, Y)	像素	50
陀螺仪数据 (X, Y, Z)	$(°)/s$	—
加速度计数据 (X, Y, Z)	m/s^2	—

7.4 研究方法

7.4.1 符号与定义

提出模型的输入数据 X 主要包含三种维度，可以表示为 $X_{\text{raw}} = \{X_{B,\text{raw}}, X_{F,\text{raw}}, X_{S,\text{raw}}\}$。$X_{B,\text{raw}}$、$X_{F,\text{raw}} \in \mathbb{R}^{T \times H \times W \times C}$ 分别为上半身视频和第一视角视频，T 为视频帧数，C、H 和 W 分别表示每个特征的通道数、高度和宽度。$X_S \in \mathbb{R}^{L \times D}$ 为眼动和头部运动数据，其中 L 表示序列长度，D 表示提取特征的维度。输入数据中，两种视频数据 X_B、X_F 时序同步，而 X_S 为多维时序数据，并且与视频采

用不同的时间窗口,因此特征融合更加困难。本研究的目标是有效地提取三种输入数据的特征并且得到一个跨模态融合特征表示。期望融合特征表示能够精确地预测对应的驾驶员接管时间。

7.4.2 视频时序特征提取

采用预训练的 Restnet34[30] 编码器提取视频每一帧的视觉特征,如图 7-3 所示。处理后的视频模态的特征表示记作 X_B、$X_F \in \mathbb{R}^{T \times d}$,其中 d 表示视觉特征维度,经全连接层变换为相同尺寸。将同步的 X_B、X_F 沿着时间维度拼接,得到视频模态的联合特征表示 $J \in \mathbb{R}^{T \times 2d}$。

如果不考虑两种视频数据间的关系,直接将 J 作为视频模态的最终特征表示,则可能不会得到最好的效果。受 Co-Attention[31] 网络启发,本研究通过计算同步视频数据和联合特征表示之间的相关性,提取视频模态内部互补信息。

最终,对特征 $M \in \{B, F\}$ 和联合特征表示 J 应用多头自注意力,得到注意力权重 Att_M。

$$\text{Att}_M = \text{MultiheadAttention}(J, X_M, X_M) \quad (7-1)$$

多头自注意力的具体公式如下所示:

$$\text{MultiheadAttention}(Q, K, V) = \text{Concat}(\text{head}_1, \cdots, \text{head}_h)W^o$$

$$\text{head}_h = \text{Attention}(QW_h^Q, KW_h^K, VW_h^V)$$

$$\text{Attention}(Q, K, V) = \text{softmax}\left(\frac{QK^T}{\sqrt{d_q}}\right)V \quad (7-2)$$

式中,d_q 为 Q 向量的维度;$W_h^Q \in \mathbb{R}^{d_q \times d_q}$、$W_h^K \in \mathbb{R}^{d_k \times d_k}$、$W_h^V \in \mathbb{R}^{d_v \times d_v}$、$W^o \in \mathbb{R}^{h*d_q \times d_q}$ 为可学习的权重矩阵。W_h^Q、W_h^K 和 W_h^V 将特征映射到对应的子空间,以计算点积注意力结果;W^o 综合各个注意力头的结果,并将输出维度变换为 d_q。

然后,输出 Att_M 被送入前馈层,并通过线性层进行进一步变换。LayerNorm[32] 和残差连接[33] 被应用以保证网络的稳定性。

$$I_M = \text{LayerNorm}[\text{FC}(\text{Att}_M) + X_M] \quad (7-3)$$

参考 Co-attention 模块,中间特征表示 I_M 之后被传到自注意力(SA)单元提取增强表示。SA 单元由多头自注意力层和前馈层组成。

$$F_M = \text{LayerNorm}\{\text{FC}[\text{MultiheadAttention}(I_M, I_M, I_M) + I_M]\} \quad (7-4)$$

式中,F_M 为模态 M 的自注意力结果。将 F_M 沿特征维度拼接得到视频模态的最终特征表示 $\hat{J}$。

7.4.3 跨模态特征融合

对于眼动和头部运动的时间序列数据 X_S，首先通过时间卷积网络（TCN）提取局部特征，之后利用 Cho 等人[33]引入的门控循环单元（GRU）网络提取序列的长期依赖关系。GRU 网络结构简单，具有较少的可训练参数，较容易在本研究的数据集上拟合。保留最后一个时间步的隐藏状态 $F_S \in \mathbb{R}^D$ 作为整个序列的集成表示。

为了得到多模态互补特征，采用交叉注意力网络融合两种异步模态。将眼动和头部运动的全局表示 F_S 作为查询向量，计算其与视频模态 $\hat{J}$ 的注意力权重。

$$F_F = \text{Attention}(F_S, \hat{J}, \hat{J}) \qquad (7-5)$$

式中，$F_F \in \mathbb{R}^D$ 为输入多模态特征的融合向量表示，经过全连接层变换维度。

$$\hat{t} = \text{ReLu}[\text{LayerNorm}(F_F)W_F + b] \qquad (7-6)$$

式中，$W_F \in \mathbb{R}^{D \times 1}$、$b \in \mathbb{R}^1$ 为可学习参数；$\hat{t}$ 为预测接管时间。

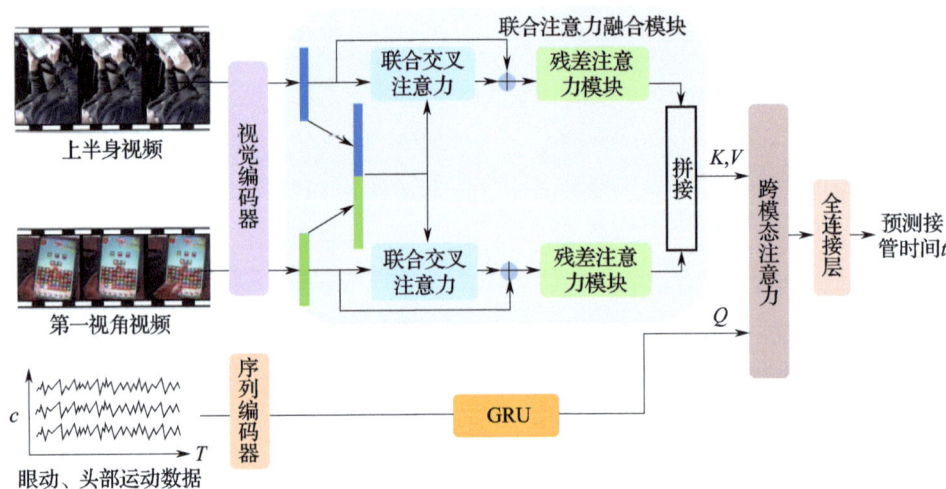

图 7-3 接管时间预测模型结构

7.5 实验研究

7.5.1 数据处理

对于视频模态，为了去除冗余特征并降低输入复杂度，对原始视频进行了裁剪。对于上半身视频，裁剪后的尺寸是 160×224，对于第一视角视频，尺寸为 224×224。由于视频模态被用于反映接管瞬间的身体准备和注意力情况，采用接管前 2s 的时间窗口[24]，并通过降采样将每种视频帧率固定为 10 帧/s 以降低模型复杂度并提高处理效率。眼动和头部运动数据需要较长的时间尺度来捕捉其整体趋势和变化[34]，采用 20s 的时间窗口，使用等间隔填充的方法填充缺失行，以确保数据的完整性。加载眼动和头部运动数据时，对每列采用了最大 – 最小标准化处理。

$$x' = \frac{x - \min(x)}{\max(x) - \min(x)} \tag{7-7}$$

7.5.2 实验设置

实验在基于 Ubuntu 22.04 操作系统的计算机上进行，该计算机的硬件配置为 Intel（R）Core（TM）i9 – 14900K CPU 和 128GB 的运行内存。此外，实验中使用了 NVIDIA GeForce RTX 4090 显卡，显存容量为 64GB。所有的实验过程都是基于 Python3.9.20 完成的，深度学习框架基于 Pytorch2.5.0，CUDA12.1。将所有的数据按照 8∶1∶1 比例随机划分为训练集、验证集和测试集，采用 L1 损失作为模型的损失函数。卷积层和线性层的参数通过 Xavier 方法[35]进行初始化。使用 Prodigy 优化器以减少调参的工作量并提高算法的适用性。设置批量大小为 8，优化器的权重衰减设置为 0.01。设置固定的 20 训练轮数。在训练过程中，使用 CosineAnnealingLR 调度器逐步降低学习率以优化模型收敛速度。

7.5.3 评价指标

为了全面地反映模型的预测准确度和稳定性，采用多种指标来评价接管时间预测模型的性能，包括平均绝对误差（MAE）、均方误差（MSE）、均方根误差（RMSE）以及平均绝对百分比误差（MAPE）。这些评价指标的计算公式如下：

$$\text{MAE} = \frac{1}{N}\sum_{i=1}^{N} |\hat{t}_i - t_i| \tag{7-8}$$

$$\text{MSE} = \frac{1}{N}\sum_{i=1}^{N} (\hat{t}_i - t_i)^2 \tag{7-9}$$

$$\text{RMSE} = \sqrt{\frac{1}{N}\sum_{i=1}^{N} (\hat{t}_i - t_i)^2} \tag{7-10}$$

$$\text{MAPE} = \frac{1}{N}\sum_{i=1}^{N} \left|\frac{\hat{t}_i - t_i}{t_i}\right| \times 100\% \tag{7-11}$$

式中，N 为样本个数；$\{\hat{t}_1, \hat{t}_2, \cdots, \hat{t}_N\}$ 为模型预测的时间；$\{t_1, t_2, \cdots, t_N\}$ 为真实接管时间。MAE、RMSE、MAPE 和 MSE 值越小，代表模型预测精度越高。

7.6 结果与讨论

7.6.1 对比实验

采用了研究［14］提出的方法作为对比，即类似早期融合，将两种视觉特征拼接后用 LSTM 网络提取时序特征。其他现有研究采用的特征形式和提取方法存在很大差异。为了进一步评估本章提出的方法，针对模型的两个关键模块，分别用流行的方法进行了对比。对于视频时序特征提取过程，比较了两种常用的方法，分别是 GRU 网络和 Transformer 编码器（Encoder）。针对跨模态特征融合过程，比较了两种模块，包括全连接层（FC）、自注意力融合模块（SAF）。

所有实验均采用第 7.5 节的设置，对比结果见表 7-4。结果表明，提出的方法在所有指标上的预测性能优于对比方法，平均绝对误差测试结果为 0.2958s。与性能最佳的基线（Encoder + SAF）相比，本章所提的方法显示出显著的改进，MAE 降低了 14.2%，MSE 降低了 22.5%，RMSE 降低了 11.9%，MAPE 降低了 19.6%。总的来说，这些结果有力地证实了本章提出的模型的有效性。

表 7-4 改进模型性能比较

模型		MAE/s	MSE/s	RMSE/s	MAPE（%）
视频特征提取	特征融合				
GRU	FC	0.3550	0.2064	0.4543	17.85
Encoder	FC	0.3488	0.2203	0.4964	17.86
GRU	SAF	0.3480	0.2488	0.4988	17.20
Encoder	SAF	0.3448	0.2059	0.4537	17.95
特征拼接 LSTM		0.3613	0.2180	0.4669	18.03
本章模型		0.2958	0.1596	0.3995	14.43

7.6.2 模型结构消融实验

为了确认改进的模块对模型性能各自的影响，对提出的方法进行了消融实验。对比了消融单个模块和基线模型，其采用晚期融合，将各个分支的均值作为输出结果。实验结果见表 7-5，可以看出去除提出的两种模块都会导致性能下降，这证明了提出的方法在处理融合特征方面的有效性。

表 7-5 提出网络结构的消融实验

模型	MAE/s	MSE/s	RMSE/s	MAPE（%）
消融联合注意力模块	0.3604	0.2191	0.4680	18.60
消融跨模态注意力模块	0.3457	0.2100	0.4583	17.58
基线模型	0.3870	0.2589	0.5088	19.92

7.6.3 网络输入特征的消融研究

为了比较多源输入数据对模型预测结果的贡献情况，本节进行了网络输入特征的消融研究。分别评估了单模态和双模态模型的性能，见表 7-6。实验结果揭示了几个关键发现。在单模态场景中，利用视频模态的模型始终优于基于眼动追踪数据和头部运动序列的模型，这表明视频数据更有效地捕获驾驶员状态信息。正如引言中所讨论的，这一结果符合研究的预期。虽然许多研究在接管相关研究中采用了眼动追踪特征，但对于接管时间预测的具体任务，未经人工标注的原始眼动特征很难准确反映驾驶员在接管时刻的瞬时注意力状态，从而导致性能较差。

性能最好的双源模型是上半身视频和第一视角视频，其 MAE 为 0.3306s，MSE 为 0.1794s，RMSE 为 0.4326s，MAPE 为 17.00%。值得注意的是，双源模型的一些评估指标并未显示出比单源模型有显著改进。具体来说，第一视角视频和眼动、头部运动序列组合的 MAE 为 0.4066s，MSE 为 0.3105s，RMSE 为 0.5572s，MAPE 为 20.42%。这些指标并未显示出相对于单源第一视角视频模型的实质性改进，这表明基线方法可能难以有效地集成从视频和序列数据等不同输入数据源提取的特征。与这些消融模型相比，本章提出的方法通过有效集成三个输入数据流，在所有指标上表现出优越的性能，超越了单源和双源方法。

表 7-6 多模态特征的消融分析

模态	MAE/s	MSE/s	RMSE/s	MAPE（%）
上半身视频	0.3533	0.2142	0.4628	18.49
第一视角视频	0.4026	0.3049	0.5522	20.92

（续）

模态	MAE/s	MSE/s	RMSE/s	MAPE（%）
眼动、头部运动序列	0.4479	0.3972	0.6302	22.22
上半身视频和第一视角视频	0.3306	0.1794	0.4326	17.00
上半身视频和眼动、头部运动序列	0.3513	0.2050	0.4527	18.01
第一视角视频和眼动、头部运动序列	0.4066	0.3105	0.5572	20.42

7.7 结论及展望

本章设计了一个新颖的多模态时序特征融合框架，以实现多源驾驶员状态信息的互补学习。通过联合注意力融合模块和跨模态注意力模块，可以有效提取模态内和跨模态联合特征表示。此外，还提出了包含多种场景的L3级自动驾驶接管过程数据集DCPT，它记录了能够反映驾驶员身体和精神状态的多模态特征，能够支持接管行为分析和数据驱动的接管时间预测模型的开发。在DCPT数据集上进行的广泛对比实验和消融实验证明了提出方法的先进性和多源输入带来的模型性能提升。本研究提出的框架和支持数据集将促进数据驱动的驾驶员接管行为研究，并为有条件自动驾驶场景下的人机交互系统设计提供指导。

参考文献

[1] MCDONALD A D, ALAMBEIGI H, ENGSTRÖM J, et al. Toward computational simulations of behavior during automated driving takeovers: a review of the empirical and modeling literatures[J]. Human Factors, 2019, 61(4): 642-688.

[2] GOLD C, HAPPEE R, BENGLER K. Modeling take-over performance in level 3 conditionally automated vehicles[J]. Accident Analysis & Prevention, 2018, 116: 3-13.

[3] ERIKSSON A, PETERMEIJER S M, ZIMMERMANN M, et al. Rolling out the red (and green) carpet: Supporting driver decision making in automation-to-manual transitions[J]. IEEE Transactions on Human-Machine Systems, 2018, 49(1): 20-31.

[4] ZEEB K, HÄRTEL M, BUCHNER A, et al. Why is steering not the same as braking? The impact of non-driving related tasks on lateral and longitudinal driver interventions during conditionally automated driving[J]. Transportation Research Part F: Traffic Psychology and Behaviour, 2017, 50: 65-70.

[5] VOGELPOHL T, KÜHN M, HUMMEL T, et al. Transitioning to manual driving requires additional time after automation deactivation[J]. Transportation Research Part F: Traffic Psychology and Behaviour, 2018, 55: 464-482.

[6] 陈发城, 鲁光泉, 林庆峰, 等. 有条件自动驾驶下驾驶人接管行为综述[J]. 吉林大学学报（工学版）, 2025, 55(2): 419-433.

[7] ERIKSSON A, STANTON N A. Takeover time in highly automated vehicles: Noncritical transitions to and from manual control[J]. Human Factors, 2017, 59(4): 689-705.

[8] ZEEB K, HÄRTEL M, BUCHNER A, et al. Why is steering not the same as braking? The impact of nondriving related tasks on lateral and longitudinal driver interventions during conditionally automated driving[J]. Transportation Research Part F: Traffic Psychology and Behaviour, 2017, 50: 71-75.

[9] DU N, AYOUB J, ZHOU F, et al. Examining the impacts of drivers' emotions on takeover readiness and performance in highly automated driving[C]//Proceedings of the Human Factors and Ergonomics Society Annual Meeting. [S.l.: s.n.], 2019.

[10] DU N, Kim J, Zhou F, et al. Evaluating effects of cognitive load, takeover request lead time, and traffic density on drivers' takeover performance in conditionally automated driving [C]//12th International Conference on Automotive User Interfaces and Interactive Vehicular Applications. [S.l.: s.n.], 2020: 66-73.

[11] GOLD C, KÖRBER M, LECHNER D, et al. Taking over control from highly automated vehicles in complex traffic situations: The role of traffic density[J]. Human Factors, 2016, 58(4): 642-652.

[12] LI S, BLYTHE P, GUO W, et al. Investigation of older driver's takeover performance in highly automated vehicles in adverse weather conditions[J]. IET Intelligent Transport Systems, 2018, 12(9): 1157-1165.

[13] YUN H, YANG J H. Multimodal warning design for take-over request in conditionally automated driving[J]. European Transport Research Review, 2020, 12: 1-11.

[14] RANGESH A, DEO N, GREER R, et al. Predicting take-over time for autonomous driving with real-world data: Robust data augmentation, models, and evaluation [J]. arXiv preprint arXiv: 2107.12932, 2021.

[15] NACHIKET D, MOHAN M T. Looking at the driver/rider in autonomous vehicles to predict take-over readiness[J]. IEEE Transactions on Intelligent Vehicles, 2019, 5(1): 41-52.

[16] ALREFAIE M T, SUMMERSKILL S, JACKON T W. In a heart beat: Using driver's physiological changes to determine the quality of a takeover in highly automated vehicles[J]. Accident Analysis & Prevention, 2019, 131: 180-190.

[17] LIU W, LI Q, WANG W, et al. Deep learning based take-over performance prediction and its application on intelligent vehicles[J]. IEEE Transactions on Intelligent Vehicles, 2024, 9(1): 1333-1356.

[18] ZHENG H, ZHOU T, HAN T, et al. An interpretable prediction framework for multi-class situational awareness in conditionally automated driving [J]. Advanced Engineering Informatics, 2024, 62: 102683.

[19] YOON S H, LEE S C, JI Y G. Modeling takeover time based on non-driving-related task attributes in highly automated driving[J]. Applied Ergonomics, 2021, 92: 103343.

[20] ROY K. Multimodal score fusion with sparse low-rank bilinear pooling for egocentric hand action recognition[J]. ACM Transactions on Multimedia Computing, Communications and Applications, 2024, 20(7): 1-22.

[21] LU Z, HAPPEE R, DE WINTER J C F. Take over! A video-clip study measuring attention, situation awareness, and decision-making in the face of an impending hazard[J]. Transportation Research Part F: Traffic Psychology and Behaviour, 2020, 72: 211-225.

[22] DENG M, GLUCK A, ZHAO Y, et al., Data for predicting driver takeover performance in conditional automation (level 3) through physiological sensing [DS], University of Michigan-Deep Blue Data.

https://doi.org/10.7302/b312-3t56.

[23] METEIER Q, CAPALLERA M, DE SALIS E, et al. A dataset on the physiological state and behavior of drivers in conditionally automated driving[J]. Data in Brief, 2023, 47: 109027.

[24] DARGAHI N K, BERTRAM T. A multimodal driver monitoring benchmark dataset for driver modeling in assisted driving automation[J]. Scientific Data, 2024, 11(1): 327.

[25] AYOUB J, DU N, YANG X J, et al. Predicting driver takeover time in conditionally automated driving[J]. IEEE Transactions on Intelligent Transportation Systems, 2022, 23(7): 9580-9589.

[26] CHEN H, ZHAO X, LI H, et al. Predicting driver's takeover time based on individual characteristics, external environment, and situation awareness[J]. Accident Analysis & Prevention, 2024, 203: 107601.

[27] PAKDAMANIAN E, SHENG S, BAEE S, et al. Deeptake: Prediction of driver takeover behavior using multimodal data[C]//Proceedings of the 2021 CHI Conference on Human Factors in Computing Systems. [S. l.: s. n.], 2021.

[28] WIVW SILAB. SILAB: More than just driving simulation[Z/OL]. 2004. https://wivw.de/en/silab.

[29] OLSEN A. The Tobii I-VT fixation filter[J]. Tobii Technol, 2012, 21: 4-19.

[30] HE K, ZHANG X, REN S, et al. Deep residual learning for image recognition[C]//Proceedings of the IEEE Conference on Computer Vision and Pattern Recognition. New York: IEEE, 2016: 770-778.

[31] YU Z, YU J, CUI Y, et al. Deep modular co-attention networks for visual question answering[C]//Proceedings of the IEEE/CVF Conference on Computer Vision and Pattern Recognition. New York: IEEE, 2019: 6281-6290.

[32] JIMMY L B, JAMIE R K, GEOFFREY E H. Layer normalization[J]. arXiv preprint arXiv: 1607.06450, 2016.

[33] CHO K, BART VAN M, DZMITRY B, et al. On the properties of neural machine translation: Encoder-decoder approaches[C]//Emprical Methods in Natural Language Processing. [S. l.: s. n.], 2014.

[34] KUMAR S K. On weight initialization in deep neural networks[J]. arXiv preprint arXiv: 1704.08863, 2017.

[35] MISHCHENKO K, DEFAZIO A. Prodigy: An expeditiously adaptive parameter-free learner[J]. arXiv preprint arXiv: 2306.06101, 2023.

第 8 章
高级自动驾驶车外人机交互研究

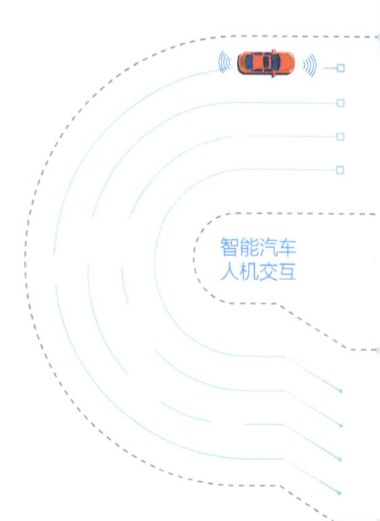

智能汽车人机交互

自动驾驶汽车的出现将改变传统的行人和车辆间的沟通方式，外部人机界面（eHMI）可以迎接这一挑战，但目前对其设计规格的探讨还没有得到一致的结论。为了确保行人安全，提高自动驾驶汽车的社会接受度和信任度，本章进行了一项虚拟仿真视频实验以寻求更有效的 eHMI 设计。在本研究中，对 5 种形式（无 eHMI、行人轮廓、虚拟眼睛、AR 前照灯、AR 人行横道）的 eHMI 进行对比分析。收集了 33 名参与者的穿越决策时间、eHMI 的可理解性及感知安全性的 5 级李克特量表评分。结果表明：车辆让行和不让行状态下的结果存在差异，不让行状态下，相比于基线条件，其余组反而发生了更多的穿越；让行状态下，相比于其他形式的 eHMI，AR 人行横道导致的决策时间最短、可理解性和感知安全性评分最高，基线条件则相反。另外，本研究让参与者解释了决策和评分的依据，结果表明：车辆速度和距离是影响行人穿越决策的主要因素，但 eHMI 可以显著增强行人穿越信心；AR 人行横道在表示不让行时出现了歧义；红绿色产生了歧义，标准建议的蓝绿色容易和绿色混淆。这些结果为 eHMI 的设计提供了新的参考，技术满足的条件下 AR eHMI 效果更好，并有望解决一对多的交互问题，在 eHMI 的设计中最重要的是避免出现含义不明的情况。

8.1 引言

行人是最易受到伤害的弱势道路使用者（Vulnerable Road Users，VRU），绝大多数碰撞发生在行人横穿马路时[1]。世界卫生组织（World Health Organization，WHO）发布的《2015 年全球道路安全现状报告》指出每年约有 125 万人死于道路交通事故，行人占全球死亡的 22%[2]，驾驶员超速、酒驾、药驾、疲劳驾驶、分心驾驶等人为错误是导致碰撞的主要原因[1,3]。高度自动化驾驶车辆（Highly Automated Vehicles，HAV）在减少由于人为失误引发的交通事故方面表现出显著潜力，特别是应对超速、酒后驾驶、疲劳驾驶和分心驾驶等问题[4-5]。目前，Robotaxi 已经在有限的公共道路上实现了 HAV 功能，并在全球许多城市进行了测试和运营。在复杂的城市环境中，自动驾驶汽车必须与多种道路使用者，如行人、自行车骑行者及传统驾驶员，共享道路空间。因此，在混合交通中，在路权模糊或需要导航道路优先级的情况下，自动驾驶汽车应与行人进行有效的互动，使行人能够快速准确地理解自动驾驶汽车[6]的驾驶意图。确保行人安全可以提高公众对自动驾驶汽车的接受度和信任度。城市道路自动驾驶汽车与行人交互场景如图 8-1 所示。

图 8-1 城市道路自动驾驶汽车与行人交互场景

传统上，行人和驾驶员可以通过手势、头部动作和眼神交流来进行交流，这种明确的交流可以增强行人过马路时的安全感[7-9]。在自动驾驶汽车中，驾驶员可以从事与驾驶无关的活动，如阅读、社交和睡觉，和行人不再发生互动，此时需要开发一种新的沟通策略以满足交互需求，主要体现为外部人机界面（external Human-Machine Interface，eHMI）[10-11]，大量研究表明 eHMI 将对行人的过街体验如安全感、舒适感以及过街行为的效率产生积极影响，且很容易学习，被大众所接受[12-16]。

8.2 相关工作

8.2.1 概述

eHMI 是目前学术界和产业界关注的重点，并且已经进行了广泛的设计探索，包括 eHMI 颜色、位置、信息、形态、触发时间和原理[17]，国际标准化组织（ISO）和 SAE 提出了标准化建议[18-21]，但行人行为和感知存在巨大的个体差异[22-23]，道路基础设施特征也会对交互产生影响，针对恰当的 eHMI 形式尚未得出一致结论，仍然缺乏标准化的界面评估规程和最佳界面规格[24]。当前汽车 eHMI 的设计案例如图 8-2 所示。

图 8-2　当前汽车 eHMI 的设计案例

8.2.2　实验方法

早期的研究主要集中在 HAV 的 eHMI 的视觉形式上，通过光条或显示屏显示。一般采用问卷调查和绿野仙踪（Wizard of Oz，WOZ）来调查 eHMI 的效果。2015 年，Lagström 等人[25]提出了一种在前风窗玻璃顶部安装 LED 灯条的 AVIP 原型。2017 年，Clamann 等人[26]在汽车格栅上安装了 LED 显示屏，通过显示图标或速度信息来通知行人何时过马路。结果显示，大多数行人在过马路时不会考虑显示器上的信息。

基于图片或视频的在线调查被广泛使用，因为它们可以通过众包平台招募大量的参与者，对硬件和实验环境的要求低，价格低廉，并且可以在短时间内测试大量的 eHMI 设计概念。Fridman 等人[27]通过 Amazon Mechanical Turk（MTurk）招募了 200 名来自美国和印度的参与者，向参与者展示了 30 张由研究人员设计的带有 eHMI 的车辆接近人行横道的图像，参与者被要求决定是否可以安全通过人行横道，回答选项为是、不是和不确定。2021 年，Bai 等人[28]发现大量研究关注的是视觉方式，忽视了听觉方式，故在 Qualtrics 上设计并开展了一项在线研究，调查了视觉、听觉、视听结合三种交互模式对人行横道上自动驾驶汽车与行人沟通有效性和用户接受度的影响。视觉模式包括横杆、行人轮廓、前面和车顶上的文字显示、面部表情符号和无显示，而听觉模式包括哔哔声、钟声、喇叭声、人声和无音频。参与者在 7 级李克特量表上对 30 个

eHMI 的安全性、舒适性、信任度、可理解性、可用性和可接受性进行评分，以选择与 30 个 eHMI 和智能手机上的警报交互的首选方法。结果表明，结合听觉和视觉刺激的多模态 eHMI 是最有效的方法。此外，还提出了更新的 eHMI 设计。2021 年，Oudshoorn 等人[29]受到自然界生物交流的启发，提出了基于姿态、手势和颜色的三种仿生车辆外观设计。Tabone 等人[30]将 AR 技术集成到自动驾驶汽车与行人的交互中，并提出了 9 个 AR 设计原型。2022 年，Tran 等人[31]确定了一项具有四种实验条件的主题内研究设计：基线行人按钮和三种具有不同通信方法的可穿戴 AR 概念 – AR 人行横道、AR 覆盖和 AR 组合。结果表明，当设计的可穿戴 AR 能够提供有针对性的自动驾驶响应和清晰的信号以允许行人过马路时，可以有效降低行人过马路的认知负荷。在本研究中，结合现有的先进技术，开发一种新的交互策略，并评估其效果，为未来确定合理的标准提供设计参考。

8.2.3 交互效果评价方法

行人交互的主观评价主要采用问卷调查法，主要包括以在线调查为主的自填式问卷和访问式问卷，访问式问卷一般指结构化访谈，通过当面采访或者电话采访实现，通过询问一些开放性的问题获得参与者的认识，总结出共性的结论。基于文献，本研究总结出几种常用的问卷和量表，其中李克特量表、自我评估人体模型量表（Self-Assessment Manikin，SAM）、用户体验问卷（User Experience Questionnaire，UEQ）是使用最多的。另外，在使用 VR 技术时，许多学者还通过模拟器病问卷（Simulator Sickness Questionnaire，SSQ）、痛苦量表（Misery Scale，MISC rating）或存在感问卷（Presence Questionnaire，PQ）对参与者在虚拟环境中是否有晕动症的表现和是否有沉浸感进行了评估。其他涉及的一些问卷主要与对新兴技术接受能力的评估、VR 晕眩感和沉浸感、行人个体特征、交互后的一些开放性问题有关。例如 Franke 等人[32]提出技术互动亲和力（Affinity for Technology Interaction，ATI）的概念，将其定义为积极参与技术互动的趋势，Lau 等人[33]要求参与者通过 6 分制的 ATI 问卷（从"完全不同意"到"完全同意"）对自动驾驶技术的亲和力进行评分。FAV 行人接受度问卷（Pedestrian Receptivity Questionnaire for FAV，PRQF）旨在确定行人对 FAV 的信任程度以及他们对 FAV 与现有交通环境兼容性的看法，为了比较行人对有无 eHMI 的 FAV 的接受能力，Deb 等人[34]分别在实验开始之前和结束后对参与者进行 PRQF 测试。行人行为问卷（Pedestrian BehAVsior Questionnaire，PBQ）是为美国人群制定的，以测量行人中危险行为的频率[35]，Deb 等人[34]使用 PBQ 简短版本（20 项）评估了行人行为得分。

一种客观评价方法是由参与者按下按键或者控制器按钮表示穿越决策，并通过相应仪器记录穿越起始时间（Crossing Initiation Time，CIT）、眼球运动等指标，这种方法运用较为广泛，在基于传统方法、VR、WOZ 的研究中均可以实施。另一种方法通常在基于 VR 的研究中才能实施，通过头戴式显示设备（HMD）和运动捕捉服直接记录参与者的身体运动，之后由计算机分析步行速度、CIT 等。例如 Petzoldt 等人[36]要求参与者（31 个）判断接近的车辆是否在减速，一旦认为车辆在减速就按下空格键，将减速开始到按下空格键的时间差作为参与者的识别时间。Bindschädel[37]等人通过运动捕捉服采集了 CIT 和平均步行速度，CIT 被定义为车辆开始制动的时间（以 s 为单位）与行人开始以下身体位置之一（头部、上臂、腹部或脚踝）向穿越方向移动的时间（以 s 为单位）之间的差值，平均步行速度表示参与者在穿越过程中的平均速度，以 m/s 为单位。

8.2.4　研究目的

在以前的 eHMI 显示中，采用风窗玻璃周围的照明、视觉文本或投影在安装在 HAV 车顶或保险杠上的显示器上的图标来提醒过路行人。由于显示内容安装在汽车上，交互性能受到行人与照明之间距离的影响。随着智能车辆基础设施协同系统（Intelligent Vehicle Infrastructure Cooperative Systems，IVICS）的发展，自动驾驶汽车与路边单元之间的信息传输变得简单。为了让行人能够及时对自动驾驶汽车的各种行驶状况做出反应，提出了一种基于 IVICS 技术的新型 AR eHMI，通过 DSRC 或 4G/5G 网络将自动驾驶汽车的位置、速度等信息传输到路边单元，然后实时控制投影设备，实现 AR 人行横道在路面上的显示。这种新型 eHMI 具有良好的灵活性，可以根据道路和迎面而来的 HAV 的具体情况，自适应地修改人行横道的显示方式、布局、大小和方向。因此，本研究旨在为 eHMI 的设计提供新的参考，以寻求更有效的行人和自动驾驶汽车的交互方式。具体表现为：①对各种形式的可视化 eHMI 进行了比较分析，以调查 AR 人行横道 eHMI 在可理解性和感知安全性方面是否优于其他形式的 eHMI；②将分析结果与参与者对开放式问题的回答结合起来，进一步讨论参与者对 eHMI 的感知是否与设计意图一致。

8.3 方法

8.3.1 实验步骤

本研究通过在线实验研究了 AR 人行横道对行人过马路决策的影响。在实验过程中,参与者通过个人计算机上的网页观看 HAV – 行人交互场景的模拟视频。参与者可以选择通过鼠标操作进行交叉决策,系统自动记录操作次数。此外,参与者还回答了一个在线问答。网页共有 18 页。第 1 页对实验作了简要介绍。参与者在模拟环境中的位置显示在第 2 页中。场景设置和操作说明会在第 3 页,参与者会被注意到:你正准备过马路。您会从远处看到一辆带有 eHMI 的自动驾驶车辆,它可能会减速,也可能会保持恒定的速度,当 eHMI 触发后,您认为可以安全过马路时,请单击鼠标。第 4 页显示测试车辆的外观。第 5~7 页显示了 3 次操作练习。正式实验的视频在第 8~17 页。打乱网页的顺序,使每个参与者生成随机的视频序列,减少了学习效应对实验结果的干扰。第 18 页为结束页。

在实验开始前,研究人员在操作演练过程中告知参与者操作步骤,以确保在正式实验中不发生操作错误。参与者被要求使用屏幕尺寸不小于 13in、分辨率不低于 1280×720dpi 的计算机设备。参与者根据网页上的说明和研究人员的指导完成实验过程。只执行两个操作:开始播放(鼠标单击第一次)视频,暂停(鼠标单击第二次)视频,这意味着受试者认为已经足够安全过马路。观看完视频后,参与者被要求通过网页进行两次问答环节。第一个问题是"我能理解车辆的意图",另一个问题是"我觉得过马路是安全的",如图 8 – 3 所示。参与者在 5 级李克特量表上得分。参与者被要求从以下五个选项中选择一个:非常不同意、不同意、中立、同意或非常同意。实验结束后,参与者回答一个开放式问题:你个人对出现的 eHMI 的理解是什么并且为什么你在实验中做出这样的选择和判断?

8.3.2 实验设计

1. HAV – 行人交互场景

利用 PreScan 软件开发了行人与 HAV 交互的仿真场景。设计了一条双向直路,其为长 138m、车道宽 3.8m、交叉口不受控制的城市道路。模拟道路两侧

第 8 章 高级自动驾驶车外人机交互研究

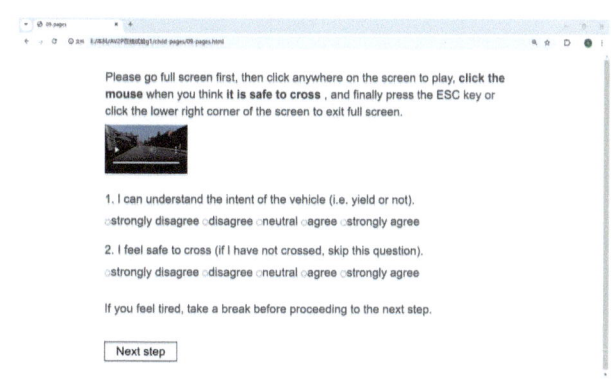

图 8-3 网页设置

的行道树、路灯、公交车站、建筑物以及行走速度为 1m/s 的行人。在场景设计方面，考虑了雨雪天气或夜间场景等因素，因为低能见度可能会增加事故发生的可能性。然而，在低能见度条件下，行人可能难以准确识别车载屏幕上显示的特定图标。这种模糊性使得无法确定参与者是否由于无法清楚地看到图标或缺乏对其含义的理解而无法理解车辆的意图，从而阻碍了对 eHMI 可理解性的评估。因此，为了缓解这一问题，实验在晴天和晴朗的白天条件下进行。每个参与者在模拟环境中都有一个虚拟化身，行人化身的位置在十字路口停车线（红圈）前方 6m 处，如图 8-4a 所示。如图 8-4b 所示，参与者直接坐在计算机前，所处的位置与行人头像的视角相同。因此，参与者可以清楚地观看模拟场景的视频，并且可以从模拟行人化身的角度看到 HAV 接近 85m。eHMI 开启的触发距离设计为距离行人 65m。

a）行人位置

b）参与者视角

图 8-4 行人位置及参与者视角

在模拟场景中，HAV 的初始速度设置为 8.33m/s（30km/h）。当 HAV 检测到行人时，触发 eHMI，假设车辆在 HAV-行人交互中有两种运动状态：让行状态和不让行状态。在不让行状态下,车辆继续以 8.33m/s 的恒定速度行驶,即使遇到行人也不减速,总时间为 12s(整车行驶长度为 100 m)。在让行状态下,车辆在前 20m 保持 8.33m/s 的恒定速度,耗时 2.4s。触发 eHMI 时,以 0.58m/s^2 的速度减速,总时间为 16.81s。最后,它停在行人前方 5m 处[38]。将每个 HAV – 行人交互场景制作为一个长度为 17s 的视频。过马路决策时间定义为 eHMI 触发与行人过马路决策之间的时间差,即从视频开始播放到鼠标单击暂停操作执行 2.4s 的时间差。

2. eHMI 设计

在模拟环境中,设置 HAV 原型车为白色宝马 M6。在 HAV 车顶安装矩形显示屏(表 8 – 1)。设计阶段未考虑显示屏产生的空气阻力;仅保证图标的清晰度和可见性。

本研究只考虑视觉 eHMI,包括文字、图标、灯光、拟人化等,可以通过安装在汽车上的灯条和显示器或道路上的投影来显示。因此,实验变量共包括 10 个项目:两种车辆运动状态(让步和不让步)和五种 eHMI(无 eHMI、行人轮廓、虚拟眼睛、AR 前照灯和 AR 人行横道)的组合,见表 8 – 1。因此,每个受试者将经历上述 10 次实验。对行人与行人交互的研究表明,虽然文本 eHMI 是最直观的,不需要学习,但由于遮挡、阅读时间长、语言和文化等原因,会产生对文本信息的误解等问题。因此,对于自动驾驶汽车来说,文本并不是与其他道路使用者交流的理想方式,不推荐使用"walk"这样的指导性文本,因为它所指示的对象是车辆还是行人并没有传达出来[18,39]。

表 8 – 1 eHMI 设计

eHMI 设计	车辆运动状态	
	不让行	让行
(1) 无 eHMI		
(2) 行人轮廓		

(续)

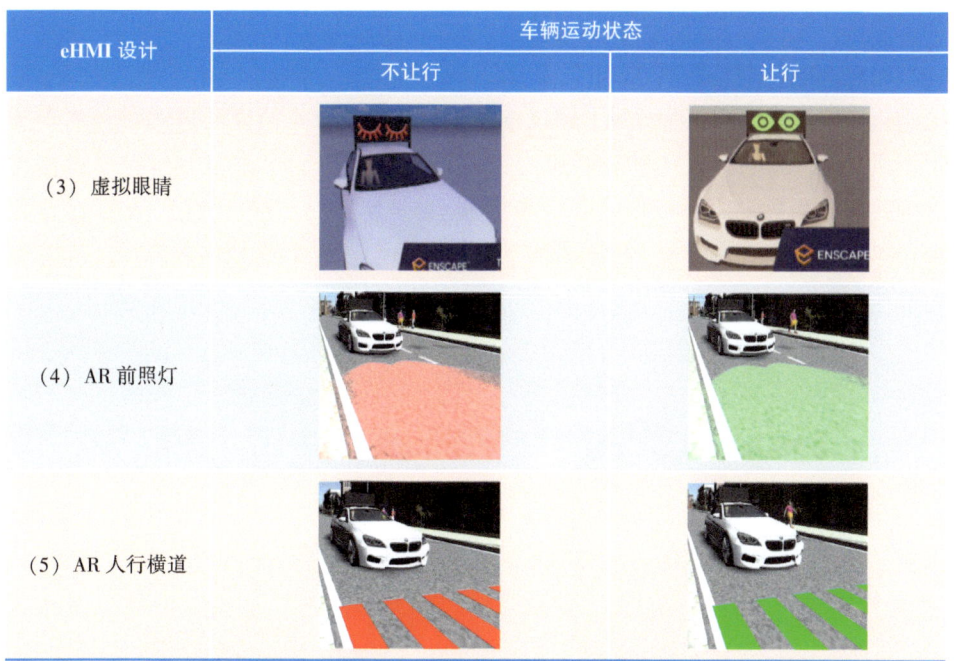

eHMI 设计	车辆运动状态	
	不让行	让行
（3）虚拟眼睛		
（4）AR 前照灯		
（5）AR 人行横道		

这些图标包括站立和行走的行人剪影，这些已经被用于交通信号灯中，而具有拟人化特征的虚拟眼睛模拟了驾驶员眼睛的睁开和闭上。这些轮廓对参与者来说是熟悉的，不需要训练，而虚拟眼睛是一个新概念，参与者在实验过程中不被告知 eHMI 的含义。在大多数研究中，使用动态单向灯或灯条来传达不同的信息，例如不同频率闪烁的单向灯和不同扫光形式的灯条。然而，在这种情况下，参与者需要事先熟悉各种光的表征，这增加了实验的难度。因此，本研究提出了一种只能在道路上投射颜色信息的 AR 前照灯。因此，所描绘的颜色在远处比在显示屏幕上更可见。特别的是，本研究的 AR 人行横道的技术逻辑是，安装在道路上的设施可以检测一定区域内的行人，识别其意图，并通过车路协同实现行人和自动驾驶汽车意图的相互传递。最后，道路设施在相应区域的路面上投影出人行横道。添加了一个实验条件（即没有 eHMI），即只安装了显示屏幕但显示关闭的状态。虽然产业界和学术界都建议无人机应采用青色等中性色进行对外沟通[19,40]，但研究表明，青色和绿色容易混淆[40-41]。此外，在预实验中，参与者之间确实出现了混淆；因此，在正式实验中没有使用青色。由于红色和绿色已经被用作交通灯的颜色，并且参与者不需要训练来学习它们，所以在本研究中，红色和绿色分别表示车辆的不让行和让行状态。

8.3.3 参与者

通过在线问卷共招募了38名参与者。其中4人被考虑进行预实验，数据不做记录；然而，他们的一些意见、建议或问题仍然被用于本研究。34名参与者参加了正式实验。其中一个样本观察到太多的异常值，进行删除。因此从33名参与者中获得了最终的有效数据。参与者包括12名女性和21名男性，年龄19~45岁（平均年龄=23.03岁，年龄标准差=4.91岁），参与者的性别和年龄特征分布如图8-5所示。

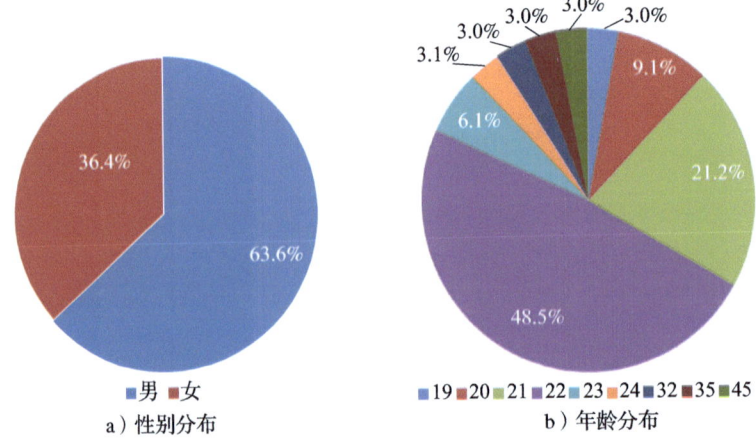

图8-5 参与者的性别和年龄特征分布

8.4 结果

8.4.1 客观数据分析

1. 车前穿越比例

通过计算观看视频时鼠标第二次单击的次数来确定参与者在HAV通过前的穿越意愿，以确定HAV通过前的穿越百分比。HAV在让行状态下通过前的穿越决策统计结果如图8-6所示。与无eHMI相比，其他四种类型在HAV通过前的行人过街率显著增加。其中，AR人行横道与红绿色行人轮廓在HAV通过前的过马路率相同，均为93.9%。HAV通过红绿色虚拟眼睛和AR前照灯前的穿越比例次之，分别为84.8%和81.8%，差异有限。HAV通过无eHMI前的穿越比例最低，为48.5%。让行状态下eHMI的出现增加了参与者在HAV通过前过马路的意愿。

HAV 在不让行状态下通过前的决策统计结果如图 8-7 所示。当车辆处于不让行状态时，eHMI 的设计目的是防止行人过路。然而，与无 eHMI 条件的结果相比，其他四组 eHMI 的行人在 HAV 通过之前没有穿过的比例下降。

自动驾驶汽车通过无 eHMI 条件前的穿越比例最低，为 15.2%，其次是红绿色虚拟眼睛（21.2%）、红绿色行人轮廓（27.3%）、AR 人行横道（30.3%）和 AR 前照灯（33.3%）。这些结果与设计 eHMI 的初衷不一致。这一结果表明 eHMI 可能误导了被试。eHMI 的初衷是为了阻止行人过街，但在实践中出现了更多的过街现象。在四种 eHMI 类型中，红色关闭的虚拟眼睛的不穿越比例最高，AR 前照灯的不穿越比例最低。然而，两组之间的差异并不显著。参与者的开放性回答揭示了为什么在 HAV 通过之前仍然发生在不让行状态的两个原因。首先，参与者具有攻击性，可能会进入极端情况。其次，他们对 eHMI 的理解出现偏差，认为 eHMI 传达的是可以通过的指令。

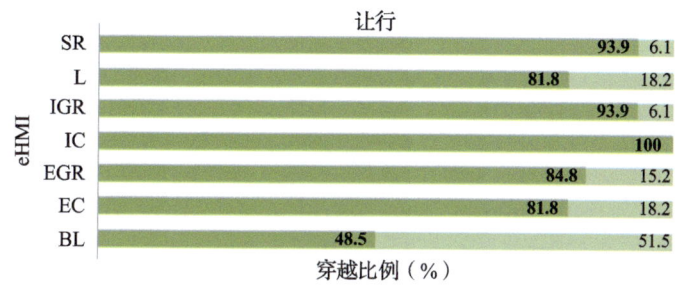

图 8-6　车辆运动状态为让行时行人的车前穿越比例

注：图中 SR 表示 AR 人行横道；L 表示 AR 前照灯；IGR 表示红绿色行人轮廓；IC 表示蓝绿色行人轮廓；EGR 表示红绿色虚拟眼睛；EC 表示蓝绿色虚拟眼睛；BL 表示无 eHMI 的基线条件。

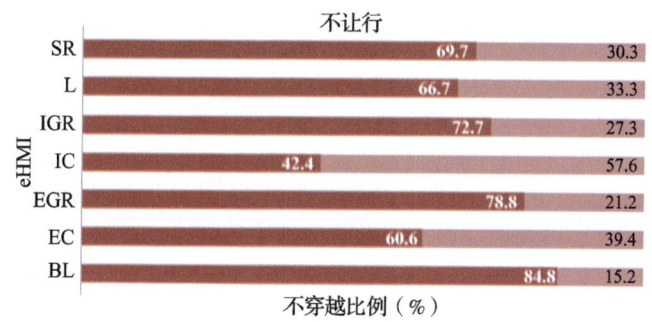

图 8-7　车辆运动状态为不让行时行人的车前不穿越比例

注：图中 SR 表示 AR 人行横道；L 表示 AR 前照灯；IGR 表示红绿色行人轮廓；IC 表示蓝绿色行人轮廓；EGR 表示红绿色虚拟眼睛；EC 表示蓝绿色虚拟眼睛；BL 表示无 eHMI 的基线条件。

2. 决策时间（Crossing Decision Time, CDT）

CDT 定义为参与者通过单击鼠标执行暂停操作的时间与触发 HAV 与 eHMI 的时间之差。假设参与者单击鼠标的时间就是他或她过马路的时间。CDT 反映了被试对 eHMI 的理解程度，即决策越快，CDT 越短，eHMI 的可理解性越强，如图 8-8 所示。当车辆处于不让行状态时，只有少数车辆在车辆之前穿越，并且大量数据表明 CDT 是视频的总长度。此外，由于系统没有收集参与者退出视频播放窗口的时间，即参与者决定不穿越的时间，因此没有分析不让行状态下的 CDT。这一现象表明，当车辆没有减速时，参与者更倾向于让车辆先通过，而不是在车辆之前冒险过马路，这在很大程度上取决于参与者对车辆运动状态的感知。

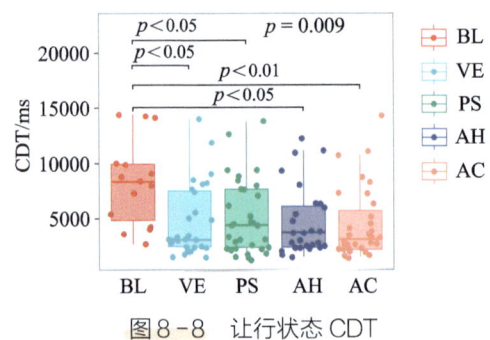

图 8-8　让行状态 CDT

注：图中 BL 表示无 eHMI 的基线条件；VE 表示虚拟眼条件；PS 表示行人轮廓；AH 表示 AR 前照灯；AC 表示 AR 人行横道。

方差分析（Analysis of Variance，ANOVA）通常用于分析多组样本数据之间的差异。当数据不满足正态分布或方差齐性标准时，进行非参数检验。因此，对多独立样本进行差异分析的 Kruskal-Wallis 非参数检验，得到 $\chi^2 = 16.033$, $df = 6$, $p = 0.01358 < 0.05$，说明不同 eHMI 下 CDT 存在显著差异。接下来，进行 Dunn 检验（Dunn's test），以确定两个 CDT 组之间差异的显著性水平。见表 8-2，无 eHMI 条件下 CDT 最长，AR 人行横道差异最大（$p = 0.004$），其次是 AR 前照灯（$p = 0.020$）、虚拟眼（$p = 0.024$）和行人轮廓（$p = 0.037$）。AR 人行横道与虚拟眼睛、行人轮廓或 AR 前照灯没有显著差异（均 $p = 1.000$）。与无 eHMI 条件的客观比较表明，AR 人行横道在让行人先走方面效果最好，且决策速度最快。平均决策时间为 4420.5ms（SD = 3269.1ms）。在 95% 置信水平上，置信区间为 3221.4~5619.6ms。然而，与其他形式的 eHMI 相比，AR 人行横道并没有表现出显著的优势。

表 8-2 无 eHMI 条件下 CDT 让行状态各组 Dunn 检验的事后比较

组间	z 值	Pr (> |z|) (* 表示 $p < 0.05$; ** 表示 $p < 0.01$)
VE - BL	2.962	0.024*
PS - BL	2.788	0.037*
AH - BL	3.063	0.020*
AC - BL	3.519	0.004**
PS - VE	0.292	1.000
AH - VE	0.120	1.000
AC - VE	0.582	1.000
AH - PS	0.416	1.000
AC - PS	0.905	1.000
AC - AH	0.458	1.000

8.4.2 主观数据分析

1. eHMI 的可理解性

视频结束后,参与者对陈述句"我能理解车辆的意图(即让行与否)"进行打分,李克特量表评分为 5 分,1 分表示非常不同意,2 分表示不同意,3 分表示一般,4 分表示同意,5 分表示非常同意。主观可理解性评分的描述性统计见表 8-3。由于标准差较大,数据呈现出较大程度的分散,这在一定程度上反映了参与者之间的个体差异。对于无 eHMI 条件,变异系数在让行和不让行状态下是一致的。然而,对于 AR 人行横道,不让行状态的变异系数明显大于让行状态的变异系数。这种现象说明人们误解了不让行状态下的 AR 人行横道。如果标准误差的值较小,则样本与总体均值之间的差距较小,则样本数据可以代表整体数据。在不减速状态下,所有组的平均 eHMI 得分都低于在减速状态下被试对减速车辆意图有理解的情况。对于两种车辆运动状态,基线条件的平均得分最低,AR 人行横道的平均得分最高。

表 8-3 主观可理解性评分的描述性统计(BL 表示无 eHMI 的基线条件;VE 表示虚拟眼条件;PS 表示行人轮廓;AH 表示 AR 前照灯;AC 表示 AR 人行横道)

eHMI 条件	让行		不让行	
	均值(SD)	标准误差	均值(SD)	标准误差
BL	2.546 (1.006)	0.175	2.152 (1.258)	0.195

(续)

eHMI 条件	让行		不让行	
	均值（SD）	标准误差	均值（SD）	标准误差
VE	3.455（1.131）	0.185	2.697（1.405）	0.206
PS	3.939（0.809）	0.157	3.424（1.252）	0.195
AH	3.546（0.756）	0.151	3.273（1.267）	0.196
AC	4.273（0.642）	0.139	3.697（1.780）	0.232

为评价每组 eHMI 的优势，采用 Kruskal-Wallis 非参数检验进行差异分析，采用 Dunn 检验事后比较获得组间差异的显著性水平。让步状态（$\chi^2 = 45.086$）和不让步状态（$\chi^2 = 30.387$）的渐近显著性水平均小于 0.001。因此，在两种运动状态下，各种 eHMI 的可理解性存在显著差异。如图 8-9 所示，无 eHMI 条件对让行车辆的可理解性最差，与虚拟眼（$p = 0.007$）、行人轮廓（$p < 0.001$）、AR 前照灯（$p = 0.006$）和 AR 人行横道（$p < 0.001$）相比存在显著差异。AR 人行横道与虚拟眼（$p = 0.015$）和 AR 前照灯（$p = 0.015$）相比差异显著，与行人轮廓相比差异不显著（$p = 0.394$）。这一结果表明，在让行状态下，AR 人行横道和行人轮廓被更好地理解。AR 人行横道与虚拟眼相比存在显著差异（$p = 0.01$），但与行人轮廓（$p = 0.748$）和 AR 前照灯（$p = 0.482$）相比差异不显著，说明 AR 人行横道在不让行状态下并不比其他形式的 eHMI 表现出优异的优势。

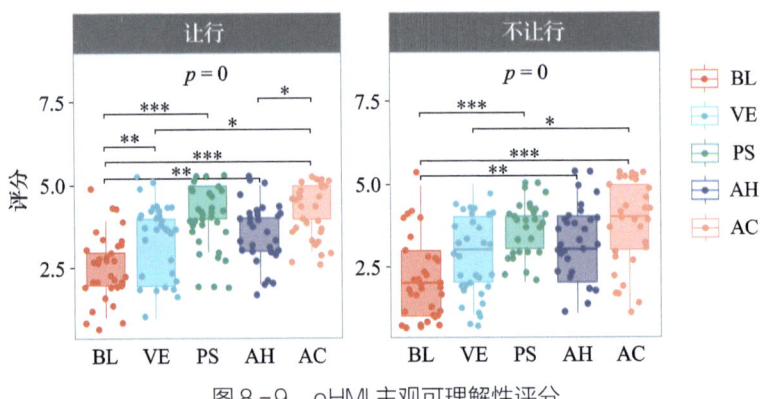

图 8-9 eHMI 主观可理解性评分

2. eHMI 的感知安全性

在官方实验网络视频后的陈述句"我觉得可以安全通过了（如果我没有通

过，跳过这个问题)"，被试用5级李克特量表对其打分，1为非常不同意，2为不同意，3为中性，4为同意，5为非常同意。通过 Kruskal-Wallis 秩和检验，得到 $\chi^2 = 14.452$，$p = 0.006 < 0.05$，表明不同 eHMI 在让行状态下的感知安全性存在显著差异。从图8-10和表8-4可以看出，无 eHMI 条件下主观感知安全得分最低，AR 人行横道差异最大（$p = 0.005$），其次是绿色行人轮廓（$p = 0.033$）。虚拟眼（$p = 0.331$）和 AR 前照灯（$p = 0.507$）的主观感知安全性与无 eHMI 相比无显著差异，四种 eHMI 也无显著差异。这一结果表明，AR 人行横道和行人轮廓的平均感知安全得分最高，但与其他 eHMI 相比优势不显著。

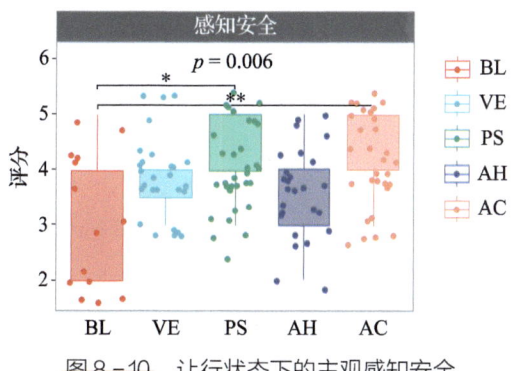

图8-10 让行状态下的主观感知安全

表8-4 无 eHMI 条件下各组让行状态主观感知安全性的事后比较

组间	z 值	Pr（> |z|）（ * 表示 $p < 0.05$；** 表示 $p < 0.01$）
VE – BL	1.984	0.331
PS – BL	2.901	0.033 *
AH – BL	1.638	0.507
AC – BL	3.481	0.005 **
PS – VE	1.039	0.896
AH – VE	0.409	0.947
AC – VE	1.731	0.500
AH – PS	1.462	0.575
AC – PS	0.717	0.947
AC – AH	2.154	0.250

8.5 讨论

为了探讨影响被试交叉决策的因素以及本研究中 eHMI 的利弊，在实验结束时设置了一个开放性问题。参与者需要给出他们对 eHMI 的个人理解和看法，以及他们对实验中的判断和选择的解释。通过对参与者开放式答案的关键词提取，初步获得了实验结果产生的深层次原因。33 个实验参与者的引用标记为"P"，可以作为讨论的论据。

8.5.1 车辆速度和距离

要设计出符合行人心理认知和行为习惯的 eHMI，了解影响行人过马路决策的因素至关重要。车速、距离等隐式信息是判断行人过马路决策的主要依据[42]，eHMI 是一种辅助隐式沟通的显式交互方式。明显的减速退让行为可以让行人更自信地通过（P2："当汽车距离较远且速度较慢时，我会直接过马路，如果汽车已经很近，即使它正在减速，我也不会过马路，除非它停下来"）。大多数参与者表示，他们会综合速度和距离来判断是否安全过马路，而不是简单地使用 eHMI 提供的信息。当参与者远离迎面而来的汽车，并且感觉速度不快时，他们会穿过并感到安全。例如，P1："我认为早期降低车速是最有效的。当车辆在过马路前停下来时，我感到最安全。我不会仅根据 eHMI 提供的信息做出决定。如果车速没有明显下降，我不会很放心"；P19："如果绿灯出现，但汽车没有减速，仍然认为是不安全的。如果标志改变，但车辆的速度保持不变，则无法确定车辆的意图。如果车辆离我有一定的距离，我无法判断它的意图，我觉得过马路不安全。当速度很快或距离很近时，我觉得过马路很不安全。"然而，当车辆距离较远时，很难识别车辆速度的细微变化[38]，Winter 等[41]认为车辆与行人之间的大多数交通事故是不明确的隐性通信造成的。在本研究中，大多数参与者表示 eHMI 的出现可以帮助他们决定是否快速过马路，增强他们过马路的信心。这一结果与前一节分析结果中可理解性和可感知安全性最差的基线条件一致。

8.5.2 eHMI 形式

1. 显示屏图标

《统一交通控制设备手册》（*The Manual on Uniform Traffic Control Devices*，

MUTCD）规定，在行驶的车辆上显示，要理解距离为 61m 的符号，符号高度至少应达到 36cm[26]。在本次研究中，显示屏的高度达到了 54.7 cm，但仍有参与者表示在 60 m 的距离上无法看清车内显示屏上的图标（P3："显示屏太远了，看不清。我会等那辆车靠近，看清后再决定是否过马路"）。很少有参与者表示他们不理解图标的含义，甚至有误解（P13 将闭上的眼睛视为指向下方的箭头："汽车显示屏的能见度很低。道路上的投影更引人注目，让我更好地捕捉到信号。由于箭头很小，不能清晰地观察到，因此图标不是判断过马路安全与否的依据。我只能捕捉像素更高的图标"）。

熟悉的 eHMI 使交叉决策更快。因此，行人轮廓效果优于虚拟眼睛（P4："红绿行人轮廓比眼睛更容易理解，因为它很熟悉"；P26："睁眼和闭眼会有明显的障碍，会让人犹豫。斑马线让我本能地觉得我可以马上通过"）。如果一个新图标不经常出现，就必须教育公众去理解它。然而，参与者认为虚拟的眼睛比行人的轮廓要好，因为其可见性更好（P16："图标不是很清晰，相对来说，眼睛越大越好，睁眼和闭眼之间存在较大的间隙，行走和站立的人的图标差异不显著"；P17："行人行走标志不易识别，静态行走与站立差距小"）。

2. AR 前照灯

很少有参与者认为 AR 前照灯更明显（P2："我认为投影在路上的绿灯很明显，我看到它就会走过去"；P17："前照灯对行人更敏感，行人在前照灯照亮的位置"）。但也有参与者表示，灯光信息量少，不能作为判断依据（P1："与显示屏相比，灯光没有直接效果，因为显示屏提供的信息更多。我不理解光的意图。我认为这是最没用的，不能作为判断的依据"；P25："投影在路上的灯不是供参考的。亮起的交通信号灯并不能直接说明它的意思，而且感觉很模糊"）。在之前的可理解性和感知安全性分析中，AR 前照灯并不是表现最差的，但也没有表现出任何优势。

3. 基于 IVICS 的 AR 人行横道

在让行状态下，绿色 AR 人行横道在 CDT、可理解性和感知安全性方面都取得了优异的成绩。大多数参与者的反馈也很好，这表明它有助于在决策过程中过马路。然而，一些参与者不理解不让行状态下的红色人行横道，认为人行横道和红色的含义是矛盾的。（P7："投射人行横道需要人们知道它与自动驾驶汽车有关。即使人行横道是红色的，我还是过了，因为它标志着人行横道"；

P14："红色斑马线很不清晰，因为斑马线表示通行，红色表示禁止，两者是矛盾的"；P15："我不明白斑马线为什么是红色的"；P18："当红色斑马线出现时，我选择过马路，我以为那是斑马线，所以我可以过马路"）。此外，对于大多数参与者来说，AR 人行横道是一个新概念，他们之前没有接触过。当 AR 人行横道出现时，一些参与者会犹豫，首先观察其含义是否与基于车辆速度的猜测一致，这可以解释为什么 AR 人行横道在 CDT 和主观感知安全性方面没有取得显著优势（P4："虽然我看到了绿色人行横道，但我没有立即通过它，因为我需要时间来适应新事物"；P4："过马路的时候，我看着车，不把注意力放在人行横道上，这和过马路不一样"；P34："当行人过马路时，我会看一下汽车的意图以及它是否减速了"）。

8.5.3　eHMI 颜色

大多数参与者都能理解设计者的意图，并将之前对交通灯的理解为"红灯停，绿灯行"作为决策的依据。显示屏上的图标在远处看不清楚，但一眼就能分辨出颜色，从而加快了过马路的决策（P2："从多年培养的视觉习惯来看，红灯表示警告，绿灯表示通行，绿灯会更安全"；P4："如果绿灯亮了，说明车很远，而且速度不快，我就过马路。我认为红色是不安全的，这表明这辆车可能有计划，或者可能不想让我穿过它。不管显示的标志是什么，我都会等到它是红色的"；P15："因为它是红色的，我想它可能是不可以的"）。另有 16 名参与者表示，红色和绿色有明确的含义。

然而，研究表明，红色和绿色会导致混淆，并且不知道它们是表示行人（自我中心视角）还是自动驾驶车辆（他人中心视角）。在这项研究中，一些参与者认为颜色不能传达车辆的意图，或者没有注意到颜色的变化。参与者认为红色存在歧义。首先，目前尚不清楚汽车或行人是否禁止使用红色。其次，参与者认为红色波长较长，用于警告提醒行人过马路（P12："绿色表示行人可以过马路，但红色也可能表示汽车正在制动，允许行人过马路，所以颜色对我没有影响。红色的波长很长，可以让我更快地捕捉到信号，所以我认为这意味着穿越"；P18："我觉得红灯不是禁止，而是因为波长长，比较显眼，给人一个过马路的信号"）。这一现象在一定程度上解释了为什么在分析的不让行状态下 eHMI 的效果不是很好，为什么在 HAV 通过之前发生了许多交叉，以及为什么总体可理解性得分低于让行状态。

8.6 结论及展望

本研究通过对各种形式的可视化 eHMI 的分析,揭示了基于 IVICS 的 AR eHMI 相对于其他形式的 eHMI 的优势。考虑了 10 种实验条件,包括两种车辆运动状态(让行和不让行)和 5 种 eHMI(无 eHMI 的基线条件、行人轮廓、虚拟眼睛、AR 前照灯和 AR 人行横道)的组合。通过在线视频实验获得被试的 CDT 和 5 级李克特量表对 eHMI 可理解性和感知安全性的得分。结果表明:①AR 人行横道对行人优先通行的效果最好,且 CDT 最短,导致行人通过的决策速度最快;②行人轮廓和 AR 人行横道是最容易被理解的 eHMI,而基线条件下可理解性最低;③基线条件下,行人感知安全性最低,AR 人行横道和绿色行人轮廓感知安全性最高;④ AR 人行横道在表示让行时各方面均有效,但在表示不让行时存在歧义,因为红色表示警告或禁止,人行横道表示通过,使参与者产生矛盾。未来,应充分利用 IVICS 的优势,将 AR 技术纳入 eHMI 设计,同时确保避免不明确的适应症。此外,新的 eHMI 的设计应考虑特殊人群,如红绿色盲、视障人士和儿童。

参考文献

[1] World Health Organization. Make walking safe: A brief overview of pedestrian safety around the world [R]. Geneva: WHO, 2013.
[2] RELEASE N. Despite progress, road traffic deaths remain too high [EB/OL]. (2015 – 10 – 19) [2022 – 5 – 27]. https://www.who.int/news/item/19 – 10 – 2015 – despite-progress-road-traffic-deaths-remain-too-high.
[3] 吕伟,郭伏,任增根,等. 行人与高级自动驾驶汽车的交互研究综述——基于行人视角[J]. 工业工程与管理, 2022, 27(6): 75 – 85.
[4] SAE. Taxonomy and definitions for terms related to driving automation systems for on-road motor vehicles: SAE J3016—2021[S]. Warrendale: SAE, 2021.
[5] World Health Organization, Global status report on road safety 2018[R]. Geneva: WHO, 2018.
[6] RASOULI A, TSOTSOS J K. Autonomous vehicles that interact with pedestrians: A survey of theory and practice[J]. IEEE Transactions on Intelligent Transportation Systems, 2020(3): 900 – 918.
[7] LUNDGREN V M, HABIBOVIC A, ANDERSSON J, et al. Will there be new communication needs when introducing automated vehicles to the urban context?[J]. Springer International Publishing, 2017, 484: 485 – 488.
[8] ONKHAR V, BAZILINSKYY P, DODOU D, et al. The effect of drivers' eye contact on pedestrians' perceived safety[J]. Transportation Research Part F: Traffic Psychology and Behaviour, 2022(84): 194 – 210.

[9] YANG S. Driver behavior impact on pedestrians' crossing experience in the conditionally autonomous driving context[J]. Procedia Computer Science, 2017, 109: 233-240.

[10] LI Y, CHENG H, ZENG Z, et al. Autonomous vehicles drive into shared spaces: eHMI design concept focusing on vulnerable road users[C]//Proceedings of 2021 IEEE International Transportation Systems Conference. New York: IEEE, 2021: 1729-1736.

[11] LCKEN A, GOLLING C, RIENER A. How should automated vehicles interact with pedestrians: A comparative analysis of interaction concepts in virtual reality[C]//Proceedings of the 11th International Conference on Automotive User Interfaces and Interactive Vehicular Applications. [S. l. : s. n.], 2019: 262-265.

[12] LUNDGREN V M, HABIBOVIC A, ANDERSSON J, et al. Will there be new communication needs when introducing automated vehicles to the urban context?[J] Springer International Publishing, 2017, 484: 489-497.

[13] SOROKIN L, CHADOWITZ R, KAUFFMANN N. A Change of perspective: Designing the automated vehicle as a new social actor in a public space[C]// Extended Abstracts of the 2019 CHI Conference on Human Factors in Computing Systems. [S. l. : s. n.], 2019.

[14] DEY D. External communication for self-driving cars: Designing for encounters between automated vehicles and pedestrians[D]. Eindhoven: Technische Universiteit Eindhoven, 2020.

[15] MERAT N, LOUW T, MADIGAN R, et al. What externally presented information do VRUs require when interacting with fully automated road transport systems in shared space?[J]. Accident Analysis and Prevention, 2018, 118: 244-252.

[16] LCKEN A, GOLLING C, Riener A. How should automated vehicles interact with pedestrians: A comparative analysis of interaction concepts in virtual reality[C]// Proceedings of the 11th International Conference on Automotive User Interfaces and Interactive Vehicular Applications. [S. l. : s. n.], 2019: 266-274.

[17] DEY D, HABIBOVIC A, LOCKEN A, et al. Taming the eHMI jungle: A classi-fication taxonomy to guide, compare, and assess the design principles of automated vehicles' external human-machine interfaces[J]. Transportation Research Interdisciplinary Perspectives, 2020(7).

[18] ISO. Road vehicles—Ergonomic aspects of external visual communication from automated vehicles to other road users: ISO/TR 23049: 2018[S]. Geneva: ISO, 2018.

[19] SAE. Automated driving system (ADS) marker lamp: SAE J3134: 2019[S]. Warrendale: SAE, 2021.

[20] TIESLER W H. Functional application, regulatory requirements and their future opportunities for lighting of automated driving systems[J]. SAE Technical Paper, Series, 2019. DOI: 10.4271/2019-01-0848.

[21] SAE. Chromaticity requirements for ground vehicle lamps and lighting equipment: SAE J578: 2019[S]. Warrendale: SAE, 2019.

[22] MADIGAN R, NORDHOFF S, FOX C, et al. Understanding interactions between automated road transport systems and other road users: A video analysis[J]. Transportation Research Part F: Traffic Psychology and Behaviour, 2019, 66: 196-213.

[23] RAD S R, CORREIA G H D A, HAGENZIEKER M. Pedestrians' road crossing behaviour in front of automated vehicles: Results from a pedestrian simulation experiment using agent-based modelling[J]. Transportation research. Part F: Traffic psychology and behaviour, 2020, 69: 101-119.

[24] ALEXANDROS, ROUCHITSAS, HKAN, et al. External human-machine interfaces for autonomous

vehicle-to-pedestrian communication: A review of empirical work[J]. Frontiers in Psychology, 2019, 10: 2757-2757.

[25] LAGSTRÖM T, LUNDGREN V M. AVIP-Autonomous vehicles' interaction with pedestrians-An investigation of pedestrian-driver communication and development of a vehicle external interface[J/OL]. 2016. https://api.semanticscholar.org/corpus ID:59141249.

[26] CLAMANN M, AUBERT M, CUMMINGS M L. Evaluation of vehicle – to-pedestrian communication displays for autonomous vehicles [C]//Proceedings of Transportation Research Board Meeting. [S.l.: s.n.], 2017.

[27] FRIDMAN L, MEHLER B, XIA L, et al. To walk or not to walk: Crowdsourced assessment of external vehicle-to-pedestrian displays[C]// Proceedings of Transportation Research Board Annual Meeting. [S.l.: s.n.], 2019.

[28] BAI S, LEGGE D D, YOUNG A, et al. Investigating external interaction modality and design between automated vehicles and pedestrians at crossings[C]//IEEE International Intelligent Transportation Systems Conference. New York: IEEE, 2021: 1691-1696.

[29] OUDSHOORN M, WINTER J D, BAZILINSKYY P, et al. Bio-inspired intent communication for automated vehicles[J]. Transportation Research Part F: Traffic Psychology and Behaviour, 2021, 80: 127-140.

[30] TABONE W, LEE Y M, MERAT N, et al. Towards future pedestrian-vehicle interactions: Introducing theoretically – supported AR prototypes [C]//Automotive UI'21. New York: ACM. 2021: 209-218.

[31] TRAN T T M, PARKER C, WANG Y, et al. Designing wearable augmented reality concepts to support scalability in autonomous vehicle-pedestrian interaction [J]. 2024. DOI: 10.3389/fcomp.2022.866516.

[32] FRANKE T, ATTIG C, WESSEL D. A personal resource for technology interaction: Development and validation of the affinity for technology interaction (ATI) scale[J]. International Journal of Human-Computer Interaction, 2019, 35(6): 456-467.

[33] LAU M, LE D H, OEHL M. Design of external human-machine interfaces for different automated vehicle types for the interaction with pedestrians on a shared space[C]// Lecture Notes in Networks and Systems. [S.l.: s.n.], 2021: 710-717.

[34] DEB S, STRAWDERMAN L J, CARRUTH D W. Investigating pedestrian suggestions for external features on fully autonomous vehicles: A virtual reality experiment[J]. Transportation Research Part F: Traffic Psychology and Behaviour, 2018, 59: 135-149.

[35] DEB S, STRAWDERMAN L, DUBIEN J, et al. Evaluating pedestrian behavior at crosswalks: Validation of a pedestrian behavior questionnaire for the U.S. population[J]. Accident Analysis and Prevention, 2017, 106: 191-201.

[36] PETZOLDT T, SCHLEINITZ K, BANSE R. Potential safety effects of a frontal brake light for motor vehicles[J]. IET Intelligent Transport Systems, 2018, 12(6): 449-453.

[37] BINDSCHÄDEL J, KREMS I, KIESEL A. Interaction between pedestrians and automated vehicles: Exploring a motion-based approach for virtual reality experiments[J]. Transportation Research Part F: Traffic Psychology and Behaviour, 2021, 82: 316-332.

[38] LEE Y M, MADIGAN R, UZONDU C, et al. Learning to interpret novel eHMI: The effect of vehicle kinematics and eHMI familiarity on pedestrians' crossing behavior[J]. Journal of Safety Research, 2022(80): 270-280.

[39] DEY D, ACKERMANS S, MARTENS M, et al. Interactions of automated vehicles with road users [M]. Berlin: Springer, 2022.

[40] BAZILINSKYY P, DODOU D, WINTER J D. External human-machine interfaces: Which of 729 colors is best for signaling 'please (Do not) cross'? [C]//IEEE International Conference on Systems, Man and Cybernetics. New York: IEEE, 2020: 3721-3728.

[41] WINTER J D, DODOU D. External human-machine interfaces: Gimmick or necessity? [J]. Transportation Research Interdisciplinary Perspectives, 2022(15): 100643.

[42] SCHNEEMANN F, GOHL I. Analyzing driver-pedestrian interaction at crosswalks: A contribution to autonomous driving in urban environments [C]//2016 IEEE Intelligent Vehicles Symposium (IV). New York: IEEE, 2016: 38-43.

第 9 章
融合场景语义的智能座舱驾驶员交互意图预测

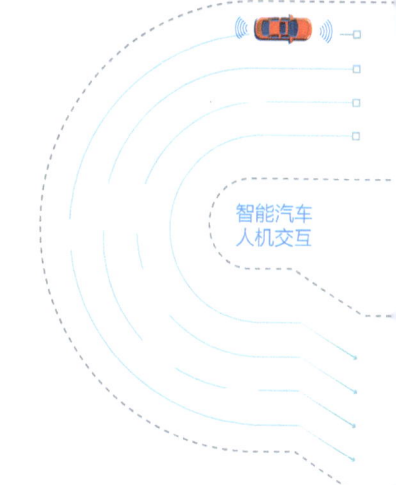

驾驶员交互意图预测是智能座舱从被动响应到主动服务转变的核心技术之一。现有驾驶员交互意图预测方法大多基于交互行为与车辆状态等特征进行建模,而忽略了场景动态演变与交互意图之间时空因果关系。针对这一问题,本研究提出了融合场景语义的智能座舱驾驶员交互意图预测方法。该方法首先采用 LSTM 网络提取座舱交互时序数据特征,其次通过参数高效微调的大语言模型,将行车动态数据转换为结构化场景语义文本。通过构建跨模态深度融合框架,利用 Transformer 架构建立驾驶员交互行为特征与场景信息的协同表征,实现驾驶员交互意图的精准预测。实验结果表明,与其他方法相比,该方法具有最优的性能,Precision、Recall、F–measure、ACU 值分别达到 0.8394、0.7926、0.7848、0.7926。此外,场景语义信息的引入能够为驾驶员交互意图预测结果提供可追溯的决策依据,显著增强了模型的可解释性。本研究为实现智能座舱个性化主动服务奠定了技术基础。

9.1 引言

近年来,随着人工智能和物联网技术的飞速发展,汽车座舱从传统机械式座舱逐渐向智能座舱转变,汽车已从单纯的"机械运载工具"转变为"智能移动空间"[1]。在此背景下,数字化座舱通过整合车载传感器数据、环境感知数据以及用户交互行为数据等多源数据,实现了多种服务个性化和交互自然化的系统功能,使乘员能够享受到更加智能化、便捷化的服务体验。

在智能座舱的人机交互演进中,"主动服务"能力已成为行业竞争的焦点。作为主动服务的核心基础,驾驶员交互意图预测技术通过解析多源异构数据,构建意图预测模型来提前预判驾驶员对座舱内导航、空调、音乐等服务功能调节的意图，从而为智能座舱主动服务提供支持。现有驾驶员交互意图预测主要依赖驾驶员历史交互行为特征，缺乏有效融合行车场景提供的时空约束信息，无法解析场景特征与驾驶员意图之间的时空因果关联[2]，导致意图预测的准确性受到制约，且难以适应复杂多变的真实驾驶环境。

场景不仅包含道路环境、交通状态等空间维度信息，还涉及季节气候、昼夜光照等时间序列的演变规律，通过与驾驶员交互行为的协同建模，能够有效捕获场景动态演变与交互行为之间的深层耦合关系，从而提升意图预测的准确性。传统研究主要采用基于规则的特征工程或 CNN、LSTM 等深度学习方法进行场景语义标签的提取，但离散化场景标签的组合破坏了场景元素之间的相互作用关系，导致上下文关联的缺失。

大语言模型（LLM）的突破性发展为场景语义建模提供了新范式，以 GPT-4[3]、LLaMA[4] 和 GLM[5] 等为代表的 LLM 具有自注意力机制构建的时空关联网络，能够有效捕捉行车动态数据的变化特征，从而展现出超越传统方法的深度语义理解能力和上下文建模能力。在过去五年中，LLM 已经成为高阶汽车智能化的核心技术。基于 LLM 的车载虚拟助手拥有增强的用户意图识别和上下文感知能力，能够与用户进行更流畅、更自然的交互，并实现个性化的主动服务[6]。然而现有研究多聚焦于通用场景下的对话生成[7]，针对场景语义信息生成的领域适应性和时空特征建模仍存在技术空白。

本章针对智能座舱驾驶员交互意图预测问题，提出了一种融合场景语义信息的驾驶员交互意图预测方法。该方法基于 LoRA 参数微调的 ChatGLM4-9B 模型将行车环境的动态数据转换为场景语义文本，进而与驾驶员历史交互行为进行跨模态融合，来有效捕捉二者的时空关联特性，通过驾驶员交互行为特征与行车场景之间时空因果关系的协同建模，实现驾驶员交互意图的预测。同时场景语义信息为驾驶员交互意图提供了可追溯的决策依据，增强了结果的可解释性。

本研究工作的主要贡献可总结如下：

1）提出了融合场景语义的智能座舱驾驶员交互意图预测方法，有效解决了传统方法中驾驶员动作序列与时空信息独立建模的局限性，该方法通过融合场景时空因果关系的上下文信息，形成驾驶员交互动作与场景时空特征的协同建模，最终实现智能座舱中空调、音乐、座椅等多种服务的交互意图精准预测。

2）场景理解中存在双重挑战：①原始数据中的随机波动和冗余信息导致关键语义信息提取困难；②使用预训练 LLM 直接生成的场景语义文本存在场景分类模糊和幻觉噪声干扰的问题影响了下游任务的性能。针对这些挑战，对预训练 LLM 采用了低秩自适应微调技术（LoRA）以生成结构化场景语义文本，以自适应地过滤无关信息，为意图预测任务提供高质量的场景语义输入。

3）构建了两个新型数据集：①驾驶员交互意图数据集，包括时间同步的座舱交互数据与行车动态数据，以及相应时刻的驾驶员意图标签；②场景语义理解指令微调数据集，实现了行车动态数据与场景语义文本的映射关联。在所构建的数据集上进行了全面的实验分析，包括方法对比、跨模态融合策略对比、消融实验以及案例分析，结果表明与其他方法相比本章提出的方法具有更优的性能。

9.2 相关工作

9.2.1 意图预测

意图预测作为智能汽车的关键技术之一，在提升驾驶安全性和人机交互体验方面发挥着重要作用。根据意图预测对象的不同，现有研究可分为三大类：车辆操控意图预测、车内交互意图预测与交通参与者意图预测[8-10]。本研究聚焦于车载交互场景下的驾驶员意图识别，旨在精准捕捉驾驶员与车载系统间的交互意图。

在车载交互意图预测相关研究中，Laimona 等人[11]在 PREVENTION 数据集上训练了 LSTM 和 RNN 模型，通过跟踪车辆的位置来预测周围车辆的变道意图，结果发现 RNN 模型在短序列长度上表现更好，而 LSTM 模型在长序列上表现优于 RNN。Hu 等人[12]提出情绪-疲劳联合检测框架，融合驾驶员生理信号与面部表情，实现车载音乐动态推荐以优化驾驶体验。Warey 等人[13]则结合计算流体动力学（CFD）仿真与机器学习，开发了数据驱动的空调温度预测模型，实现了个性化热舒适性调控。在驾驶模式切换场景下，Bonyani 等人[14]提出的"DIPNet"深度神经网络框架，整合车内外的多源异构数据，在自动驾驶模式切换场景中可提前 4s 预测驾驶员对车辆的接管意图，显著提高接管过渡的安全性和效率。Gu 等人[15]构建了融合驾驶员情绪的接管行为预测系统"EmoTake"，通过分析不同情绪对接管行为的影响，为车内情绪主动调节和提高接管安全提供支持。

此外，分心行为预测作为车载交互意图预测研究的重要延伸方向，对提升驾驶情境感知能力具有显著支撑作用。"Drive&Act"多模态数据集对手动驾驶与自动驾驶模式下驾驶员阅读杂志、使用笔记本电脑等83类次要任务进行了细粒度标注[16]。Zhang等人[17]构建了视觉语言模型（VLM）推理链框架，实现22类驾驶员分心行为（如接听电话、抽烟、操作仪表盘）的细粒度分类，并通过提示工程生成分心风险解释与针对性的安全建议。Nidamanuri等人[18]通过前视和交叉视角摄像头提取驾驶员面部特征与多源传感器数据检测驾驶员的10类分心行为（如使用手机、饮酒），在非结构化交通场景下提供实时驾驶安全的主动交互。

尽管现有意图预测研究虽已取得显著进展，但仍存在两个方面的局限：①大多数方法侧重于单一功能的预测，未能构建面向智能座舱多类功能服务的联合推理框架；②现有研究方法在其他复杂行驶环境中的可扩展性有限，而本研究则通过融合场景语义信息来适应不同场景的动态变化。

9.2.2　大语言模型

大语言模型是指具有大规模参数和计算能力的自然语言处理模型，其核心特点是通过构建具有高维参数空间的深度神经网络架构，对海量无标注语料进行自监督预训练，在自然语言处理领域展现出卓越的认知推理能力。LLM在智能汽车领域的应用主要遵循三条技术路线：①基于检索增强生成（RAG）技术构建领域知识库，通过动态上下文注入机制实现通用LLM的任务适配；②采用参数高效微调方法对预训练模型进行领域定制化；③从模型架构层面进行重构优化，开发车载专用LLM。

在自动驾驶领域，现有研究积极探索LLM的多模态认知能力。Duan等人[19]将多模态感知数据、车辆状态和驾驶任务拼接为提示词，通过多模态适配微调和强化学习优化，实现端到端的驾驶决策生成。Tian等人[20]提出DriveVLM，首次将VLM与自动驾驶技术深度融合，基于链式推理（CoT）构建场景描述、场景分析、层级规划的三阶段推理过程，同时将DriveVLM与传统3D感知及高频轨迹优化模块结合，通过异步"慢–快"机制实现高效空间推理与实时轨迹规划。Hwang等人[21]提出了一种端到端多模态自动驾驶模型EMMA，将自动驾驶任务重构为视觉问答问题，不同自动驾驶功能（如3D目标检测，道路图估计等）通过任务特定提示来触发，实现端到端的多任务联合优化。

LLM在智能座舱的主要应用集中在智能语音助手、自然语言理解、驾驶员行为分析和个性化服务等方面。汽车制造商已实现 LLM 融入智能座舱,典型案例如 NOMI GPT 通过领域分类器实现通用对话与车辆控制任务的动态切换。Du 等人[6]利用上下文学习将用户口语化输入转换为任务导向的查询指令,基于 GPT-3.5-turbo 模型生成任务推理链,能够灵活适配车载对话场景下不同的主动性交互。Huang 等人[22]开发的"Driver Mate"语音助手则利用 ChatGPT-4 实现自然语言对话交互,旨在缓解单调驾驶环境下的被动疲劳,同时提升驾驶性能和安全性。LLM 技术的演进推动了车载人机交互从传统"命令-执行"的单向范式向"情境感知-意图预测-主动服务"的闭环协作范式演进[23],为驾驶员交互意图预测研究提供了重要技术支撑。

9.2.3 语义信息融合

语义信息融合是通过构建跨模态数据的统一语义空间映射机制,为原有任务加入包含时空上下文的因果关联信息,在提升系统性能的同时建立可解释的推理决策依据,因此在智能系统决策过程中发挥着关键作用。随着深度学习技术的演进,语义信息融合已从单一模态分析转向多模态融合,从静态语义特征转向动态语义信息融合。

现有研究中语义信息的融合正变得越来越广泛。Liu 等人[24]提出的语义集成移动轨迹模型(SMTM)通过 CNN-LSTM 提取人口统计学语义信息,同时融合卫星图像和出租车轨迹数据准确预测出行交通流量,其语义信息表征增强了模型决策的可解释性,为个性化出行推荐提供数据基础。Park 等人[25]基于 CityGML 标准构建了城市级道路语义信息,引入道路信息和几何元素,从而确定目标区域内车辆最优行驶路线,显著提高了计算效率。

LLM 的突破性发展为语义信息生成提供了新范式,其通过在海量多模态语料库上进行预训练而获得强大的深度语义理解能力。Berragan 等人[26]基于 LLM 从社交媒体网站评论中提取包含文化关联、地方认知等内容的语义信息,通过捕捉语义信息中隐含的地理关联,为理解不同地理区域特征提供了新视角。Xu 等人[27]基于 LoRA 微调预训练模型根据用户购买记录的评论生成语义表示,利用对比学习将文本语义特征与用户/物品的 ID 特征映射到统一空间,在多个领域(电子产品、电影、音乐等)实现更个性化和准确的推荐结果。在智能汽车领域,通过深层次的语义解析与上下文推理,能够显著提升智能汽车的通信效率、数据集成、预测性能以及个性化服务水平[28]。然而现有研究大多聚焦于宏观环境的语义建模，面向驾驶员交互意图预测任务的语义生成研究仍存在显著空白，特别是针对人－舱交互场景的语义信息融合尚未形成系统性方法。

9.3 方法论

9.3.1 数据集构建

本研究收集了五辆实验车在一周内的用户行车数据。数据采集系统由两部分组成：通过座舱埋点信号采集座舱交互数据 $W_t^{(c)}$，包括驾驶员与座舱的交互动作以及座舱设备的状态信息；通过车载多源传感器和 CAN 总线采集行车动态数据 $W_t^{(v)}$，包括车辆行驶状态以及环境状态信息，信号采集频率为 0.1Hz。共收集了 60220 条数据，随后筛选出与意图标签相关的 24 维座舱交互数据特征与 12 维行车动态数据特征。

采用时间窗口长度为 60s 的滑窗采样方法从 $W_t^{(c)}$ 和 $W_t^{(v)}$ 中构建输入数据样本 $\boldsymbol{X}^{(c)} \in \mathbb{R}^{T \times d_c}$ 和 $\boldsymbol{X}^{(v)} \in \mathbb{R}^{T \times d_v}$，其中 T 为时间窗口内序列的长度，d_c 和 d_v 是特征维度。而将驾驶员在时间窗口下一时刻的动作作为分类标签 $y_t \in \{0, 1, 2, 3\}$，其中 0 表示无意图，1~3 表示音乐、空调和座椅调节意图。然后构建驾驶员交互意图预测数据集 D_{pred}。

$$D_{pred} = \{(\boldsymbol{X}_1^{(c)}, \boldsymbol{X}_1^{(v)}, y_1), \cdots, (\boldsymbol{X}_n^{(c)}, \boldsymbol{X}_n^{(v)}, y_n)\} \quad (9-1)$$

由于驾驶员在行驶过程中以正常驾驶车辆为主，与座舱的交互动作只占据很小部分时间，因此交互意图数据集存在样本不平衡问题，无意图样本比例达到 67.11%，将导致跨模态时空关联模式的学习偏差。为了解决类间不平衡问题，采用随机抽样方法从原始数据集中抽取 3000 个无意图样本来构建用于模型开发与评估的数据集，图 9-1 展示了数据集中各类意图的分布情况。

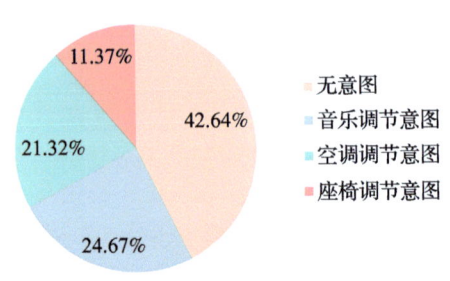

图9-1 数据集意图类别分布

对于每一个样本 $X_t^{(v)}$，基于 LLM 构建与场景语义文本 S 的映射关系：

$$X^{(v)} \rightarrow S \quad (9-2)$$

场景语义文本 S 包含四个方面的关键信息：时间 S_{time}、车辆 S_{vel}、环境 S_{env}、用户 S_{user}，即

$$S = \{S_{\text{time}}, S_{\text{vel}}, S_{\text{env}}, S_{\text{user}}\} \quad (9-3)$$

各方面信息所包含的场景元素分类如图 9-2 所示。时间信息 S_{time} 包括日期划分 S_{date} 与时间段 S_{period}。其中 S_{date} 又划分为两类：工作日指周一至周五的法定劳动日；节假日包括双休日（周六、周日）和国家法定休假日。这种划分考虑到了社会群体的一般作息规律对行为模式的影响。根据人类的日常社会活动，S_{period} 被划分为五个时段：凌晨（00:00—05:59）、上午（06:00—11:59）、下午（12:00—17:59）、晚上（18:00—21:59）和深夜（22:00—23:59）。这种多粒度划分方法既符合人体生物钟特征，又能有效捕捉一天中不同时间段社会活动的差异性。

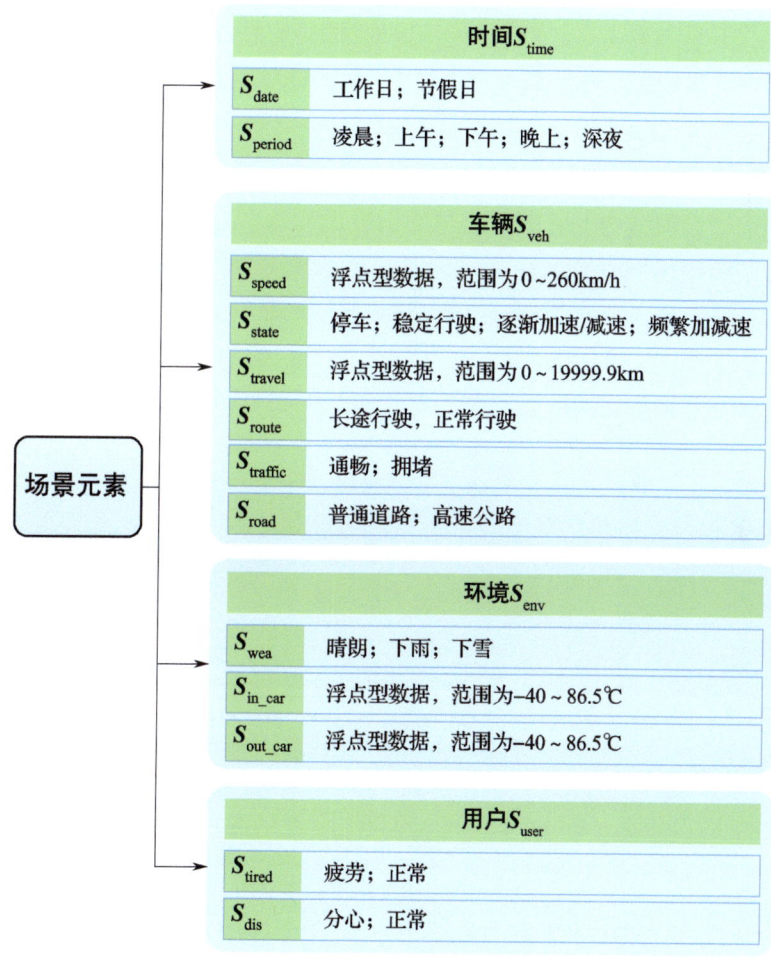

图 9-2　场景元素分类

车辆信息 S_{vel} 包括当前平均车速 S_{speed}、行驶状态 S_{state}、已行驶里程 S_{travel}、路程 S_{route}、路况 $S_{traffic}$、行驶路段 S_{road}。其中可通过 CAN 总线直接读取最近时刻的 S_{speed} 和 S_{travel} 值。根据 $\Delta v/\Delta t$ 变化系数，S_{state} 可划分为六类：停车（车速为零且持续60s）、稳定行驶（加速度波动 ≤2m/s²）、逐渐加速/减速（加速度波动为 2~4 m/s²）、频繁加减速（加速度符号变化 ≥3 次/min）。S_{route} 采用距离划分标准，以 50km 作为正常行驶与长途行驶的临界点。$S_{traffic}$ 和 S_{road} 通过车载导航信息获取，$S_{traffic}$ 分为通畅和拥堵，S_{road} 分为普通道路（设计车速 ≤80km/h）和高速公路。

环境信息 S_{env} 包括天气状况 S_{wea}、车内温度 S_{in_car} 和车外温度 S_{out_car}。其中 S_{wea} 根据 GPS 经纬度信息调用 Weatherstack API 获取，并将所有天气分为三大类：晴朗、下雨、下雪；S_{in_car} 和 S_{out_car} 可通过 CAN 总线由温度传感器读取。环境状态的变化直接影响驾驶员的下一步意图。

用户信息 S_{user} 包括疲劳状态 S_{tired} 和分心状态 S_{dis}。其中 S_{tired} 和 S_{dis} 被划分为驾驶员处于疲劳/分心状态或正常状态，由驾驶员监控系统（DMS）获取。

利用大语言模型的上下文判断与文本生成能力，最终生成包含以上所有场景元素的结构化场景语义文本 S：

> "在 [S_{time}] 的 [S_{period}]，当前天气条件为 [S_{wea}]，车外温度 [S_{out_car}]℃，车内温度 [S_{in_car}]℃，车辆以 [S_{speed}] km/h 的平均速度处于 [S_{state}] 阶段，已累计行驶 [S_{travel}] 而处于 [S_{route}] 行驶，驾驶员表现出 [S_{tired}/S_{dis}]。根据导航路况监测数据，车辆已进入 [S_{road}] 行驶，当前道路通行条件为 [$S_{traffic}$]。"

9.3.2 场景语义生成

采用 ChatGLM4-9B[5] 作为基础模型实现场景语义文本的生成，该模型采用知识增强型 Transformer 架构，在各种自然语言文本生成任务中表现出优异的性能。"你是驾驶场景语义分析师，需要基于实时车辆状态数据和环境数据，生成自然语言描述的驾驶场景语义文本"用作角色设定，同时结合行车动态数据时序片段与数据特征描述共同作为 LLM 的输入提示文本 X_p。图 9-3 所示为场景语义文本生成的提示词示例。

提示词

你是驾驶场景语义分析师,需要基于实时车辆状态数据和环境数据,生成自然语言描述的驾驶场景语义文本

- 上下文(输入):数据间隔为10s的行车动态数据片段,包括时间、已行驶里程、剩余电量、车速、环境温度、车辆温度等。

各个数据字段分别表示:
- 已行驶里程:从本次行程开始到记录时间点车辆行驶的总里程,浮点型数据,单位是km;
- 剩余电量:车辆蓄电池当前剩余的电量百分比,浮点型数据;
- 车速:记录时间点前1min内的车速变化,单位是km/h;
- 环境温度:外界环境的温度,浮点型数据,单位是℃;
- 车内温度:车内的温度,浮点型数据,单位是℃;
……

-输出:请从上述输入数据中提取时间、环境、车辆和用户四个方面的场景信息。

- 要求:在一整段逻辑顺序清晰、语言流畅的自然语言文本中描述所有场景信息,不提供重复信息,只提供最终推断结果,无须提供使用输入数据的推断过程。

—示例:
输入:
- 时间:2024/1/1 7:54:42—2024/1/1 7:55:32
- 已行驶里程:[0.7, 0.8, 0.9, 0.9, 1.0]
- 剩余电量:[98, 98, 98, 98, 98]
- 车速:[38.19, 32.29, 32.12, 19.63, 1.74, 0.0]
- 环境温度:[0.5, 1, 1, 1, 1, 1]
- 车内温度:[24.5, 25, 25.5, 25.5, 26, 26.5]

输出:
在节假日的上午,当前天气晴朗,车外温度1℃,车内温度25.5℃,车辆以20.7km/h的速度处于逐渐减速阶段,已累计行驶1km,未处于长途驾驶,驾驶员处于正常状态。根据导航信息车辆行驶在普通道路,当前道路通畅。

图9-3 场景语义文本生成的提示词示例

预训练 LLM 直接生成的场景语义文本存在场景元素分类边界模糊的问题,导致难以准确建立场景语义与驾驶员意图之间的映射关系,且可能引入幻觉噪声误导模型推理。因此构建了场景元素分类的逻辑规则库,用于对原始场景语义文本进行校验和修正,其中每一条规则都严格遵循 9.3.1 节中的场景元素定义。随后需要进行正则表达式匹配验证和人工检查确保文本的准确性和合理性,最终构建高质量的指令微调数据集 $D_{\text{tuning}} = \{(X_p, S)\}$。本研究采用低秩自适应(LoRA)技术[29]对基础模型进行高效微调。LoRA 基于低"内在秩"的理论假设,通过在基础模型结构中引入可训练的秩分解矩阵来实现高效参数更新,如图9-4所示。

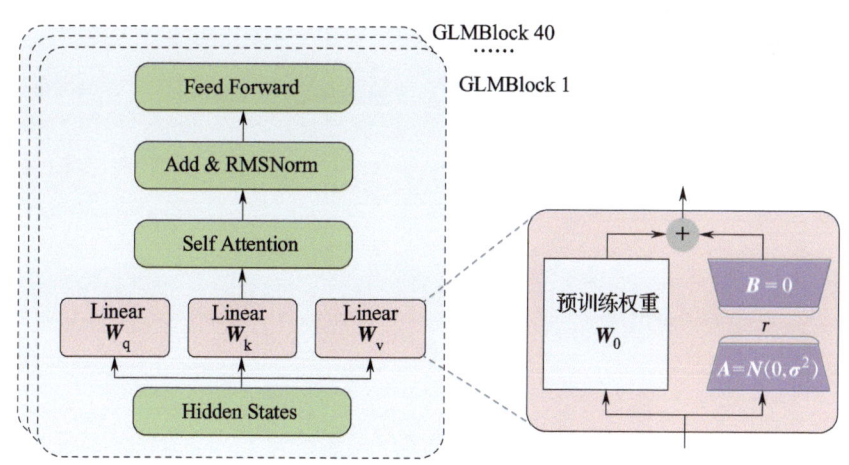

图9-4 LoRA 微调的架构

该秩分解矩阵主要应用于 Transformer 架构中的查询（Q）、键（K）、值（V）和前馈神经网络（FFN）模块。具体而言，给定预训练权重矩阵 $W_0 \in \mathbb{R}^{d \times k}$，与低秩分解矩阵 $\Delta W = BA$ 进行耦合，其中 $B \in \mathbb{R}^{d \times r}$，$A \in \mathbb{R}^{r \times k}$，且 $r \ll \min(d, k)$。矩阵 A 使用随机高斯初始化，矩阵 B 使用零初始化，确保在训练初始阶段 ΔW 为零矩阵。

在模型推理过程中，原始权重 W_0 和低秩矩阵 ΔW 同时作用于输入特征，并将输出向量进行组合。在 Transformer 架构中，将原始 Q、K、V 的计算公式修改如下：

$$Q = W_{q0}X_p + \frac{\alpha}{r}\Delta W_q X_p = W_{q0}X_p + \frac{\alpha}{r}B_q A_q X_p$$

$$K = W_{k0}X_p + \frac{\alpha}{r}\Delta W_k X_p = W_{k0}X_p + \frac{\alpha}{r}B_k A_k X_p \qquad (9-4)$$

$$V = W_{v0}X_p + \frac{\alpha}{r}\Delta W_v X_p = W_{v0}X_p + \frac{\alpha}{r}B_v A_v X_p$$

用 $\frac{\alpha}{r}$ 来调整段 ΔW，其中 α 为常数，用于调整低秩矩阵更新的速度。该方法不仅显著降低了模型微调所需的参数量，还保持了基础模型的泛化能力，能够更好地适用于智能座舱场景语义文本生成任务。

9.3.3 模型架构

本研究提出的方法架构如图 9-5 所示，主要由三个核心模块组成：数据编码模块、场景语义编码模块和意图预测模块。

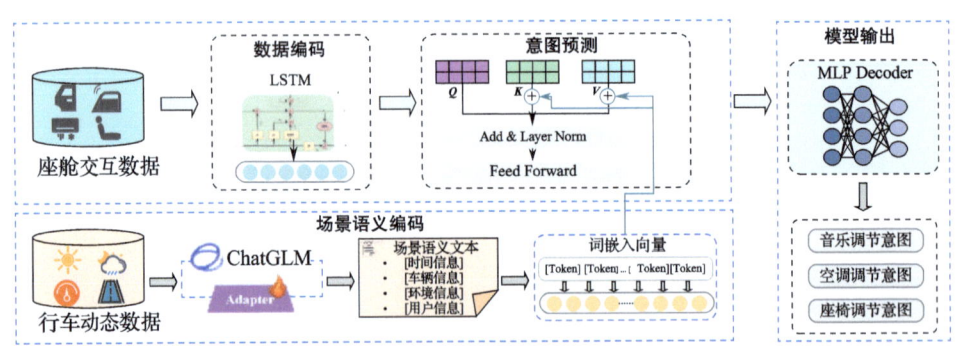

图 9-5　本研究提出的方法架构

在数据编码模块中，考虑到座舱交互数据具有显著的时间依赖性，采用 LSTM 作为核心架构。LSTM 通过其特有的记忆单元和门控机制，在每个时间步 t，

根据当前输入 $X^{(c)} \in \mathbb{R}^{T \times d_c}$ 和前一时间步的隐藏 $h_{t-1}^{(c)} \in \mathbb{R}^{T \times d_h}$ 状态更新其内部状态。最终输出的隐藏状态 $h_t^{(c)} \in \mathbb{R}^{T \times d_h}$ 包含了当前时刻及历史时刻的重要特征信息，能够有效地对座舱交互时序数据进行分析和建模，为后续的意图预测任务提供了高质量的编码表示基础。

$$h_t^{(c)} = \text{LSTM}(X^{(c)}, h_{t-1}^{(c)}) \tag{9-5}$$

场景语义编码模块采用统一设计的提示模板，基于 9.3.2 节微调 LLM 生成结构化的场景语义文本 $S = [S_1, S_2, \cdots, S_n]$。为建立语义表征空间，利用 Word2Vec 模型[30]和腾讯人工智能实验室词嵌入语料库将 S 转化为连续的神经词嵌入表示 $h_{\text{text}}^{(d)} \in \mathbb{R}^{T \times d_p}$，其中 d_p 表示嵌入维度，取固定值 300。随后通过线性层对文本嵌入向量 $h_{\text{text}}^{(d)}$ 进行维度变换，获得场景语义嵌入向量 $h_{\text{text}} \in \mathbb{R}^{T \times d_h}$，使嵌入维度与座舱交互状态编码向量维度一致。在计算效率优化方面，将输入文本的长度上限设置为 1000，在保证语义完整性的同时有效控制了计算复杂度。这种连续向量表示不仅保留了丰富的场景语义信息，还为后续的特征融合提供了便利。

$$\begin{aligned} h_{\text{text}}^{(d)} &= \frac{1}{n} \sum_{i=1}^{n} \text{Word2Vec}(S_i) \\ h_{\text{text}} &= h_{\text{text}}^{(d)} W_p + b \end{aligned} \tag{9-6}$$

式中，n 为场景语义文本的单词总数；$W_p \in \mathbb{R}^{d_p \times d_h}$，表示可训练参数矩阵；$b \in \mathbb{R}^{d_p}$，表示偏差向量。

意图预测模块是本架构的核心，它采用了基于 Transformer 的增强型实现[31]。如图 9-5 所示，编码后的座舱交互数据和结构化场景语义向量被用作输入，以实现驾驶员交互意图的推断。

该模块的核心创新在于场景引导的注意力融合机制，其将场景语义作为全局上下文信息注入多头注意力计算过程，并通过动态调整注意力权重分配实现多模态特征融合。具体来说，在每一层的多头注意力计算中，座舱交互时间嵌入 $h_t^{(c)}$ 和场景语义嵌入 h_{text} 被共同编码到 K 和 V 中，而 Q 则保持座舱交互特征编码。Q、K、V 的计算公式正式重新定义如下：

$$\begin{aligned} Q^{(i)} &= h_t^{(c)} W_q^{(i)} \\ K^{(i)} &= [h_t^{(c)}, h_{\text{text}}] W_k^{(i)} \\ V^{(i)} &= [h_t^{(c)}, h_{\text{text}}] W_v^{(i)} \end{aligned} \tag{9-7}$$

式中，$W_q^{(i)}$、$W_k^{(i)}$、$W_v^{(i)} \in \mathbb{R}^{d_h \times d_k}$，分别为第 i 个注意力头的可训练投影矩阵，

$d_k = d_h/N$，为每个注意力头的维度，N 为注意力头的数量。

随后进行多头注意力串联和残差连接。通过分层注意力加权和特征融合，该模型实现了场景语义信息和交互时间特征的深度耦合，得到了深度时刻耦合特征 h_t。

$$\text{head}_i = \text{Attn}(Q^{(i)}, K^{(i)}, V^{(i)})$$
$$\text{MHA}(h_t) = [\text{head}_1; \cdots; \text{head}_N]W_0 \quad (9-8)$$

式中，$W_0 \in \mathbb{R}^{d_h \times d_h}$，表示可训练的输出投影矩阵。

前馈神经网络是另一个重要组成部分，通常由两层线性变换和一个用于非线性变换的 ReLU 激活函数组成，具体如下：

$$\text{FFN}(h_t) = \text{ReLU}(h_t W_1 + b_1)W_2 + b_2 \quad (9-9)$$

式中，$W_1 \in \mathbb{R}^{d_h \times d_m}$，$W_2 \in \mathbb{R}^{d_m \times d_h}$，分别表示前馈神经网络中隐藏层的嵌入维度。

最后，采用具有三个线性层的多层感知器（MLP）解码器来提取高级特征表征。隐藏层的维度分别为 4096、1024 和 256，用于逐步降低特征维度以捕捉分层信息，同时在每一层直接添加 ReLU 激活函数。随后，Softmax 函数用于最后线性层的输出，以计算各种意图类别的概率分布，从而使模型能够以概率置信度将输入分类为特定的意图类型。

$$P(y = i | x) = \frac{\exp(\text{MLP}(h_t)_i)}{\sum_{c=1}^{C} \exp(\text{MLP}(h_t)_c)} \quad (9-10)$$

式中，$\text{MLP}(h_t): \mathbb{R}^{d_h} \to \mathbb{R}^C$，最终输出 $P(y|x)$ 为每类意图的预测概率。

9.4 实验与结果

9.4.1 实验设置

所有实验都是在基于 PyTorch 2.5.1、Python 3.12 和 CUDA 12.4 的深度学习框架上开发的，实验设置如下。

针对结构化场景语义文本生成任务的 LLM 微调训练是在一台配备四张 NVIDIA L20（48G）GPU 和 IntelXeonPlatinum 8457C CPU 的服务器上完成的。模型训练使用交叉熵损失函数和 AdamW 优化器进行。初始学习率设置为 5e-5，批量大小为 8，epoch 为 10。为实现高效的参数微调，LoRA 低秩矩阵的秩设为 8，并启用 BF16 混合精度训练以优化显存利用率。

驾驶员交互意图预测任务则在一台配备 NVIDIA RTX 4090（24G）GPU 和

Intel Xeon Platinum 8481C CPU 的服务器上完成。模型架构采用 6 层 Transformer 结构，每层有 8 个注意力头，训练过程中的 dropout 设置为 0.1。优化过程采用随机梯度下降法（SGD），初始学习率设为 1e-3，批量大小设为 16，epoch 设为 200，以充分捕捉时间特征。损失函数也采用交叉熵损失函数，其数学定义为

$$\mathcal{L}(y,\hat{y}) = -\frac{1}{N}\sum_{i=1}^{N} y\log(\hat{y}) \quad (9-11)$$

式中，y 和 $\hat{y}$ 分别为真实意图分类和预测意图分类；N 为样本总数。

驾驶员交互意图数据集按 7:2:1 的比例分为训练集、验证集和测试集。为全面评估模型的性能，选择 Precision、Recall、F-measure、ACU 作为评价指标，计算公式分别为：

$$\text{Precision} = \frac{TP}{TP+FP} \quad (9-12)$$

$$\text{Recall} = \frac{TP}{TP+FN} \quad (9-13)$$

$$F\text{-measure} = \frac{2 \times \text{Precision} \times \text{Recall}}{\text{Precision} + \text{Recall}} \quad (9-14)$$

$$\text{ACU} = \frac{TP+TN}{TP+TN+FP+FN} \quad (9-15)$$

式中，TP、FP、TN 和 FN 分别为真正例、假正例、真负例和假负例。这些指标从不同角度全面反映了模型的分类性能。

9.4.2 性能比较

为全面评估所提出方法的性能，将其与多种先进的方法进行了对比实验[11,32]。Laimona 等人采用 LSTM 架构在驾驶变道意图预测任务中具有显著优势。Vyas 等人设计了 TransDBC 模型，在驾驶行为预测方面取得了先进的性能。此外，各种基于 Transformer 架构的改进模型，如 Diff-Transformer[33]、SGFormer[34]、ETSformer[35] 和 AFT-Full[36] 等，在交通、医疗和金融等多个领域的分类任务中表现出色。下面将所提出的方法与上述方法进行比较：

LSTM：通过循环结构记忆之前时间步骤的信息，从而捕捉输入序列中的时间依赖性。

TransDBC：利用 Transformer 的自注意机制和多注意力结构同时对长短输入时序数据的全局依赖性进行建模，同时通过残差连接和层归一化增强模型的稳

定性，并通过调整层数（最多6层）优化性能。

Diff-Transformer：采用差分注意力机制将查询和键分为两组，分别计算两个 Softmax 注意力图的差值来消除共同噪声，有效缓解了传统 Transformer 对无关上下文过度关注的问题。

SGFormer：采用单层全局注意力机制将原始的二次方复杂度降低为线性复杂度，在显著降低模型复杂度和计算开销的同时，保持了优异的模型性能。

ETSformer：设计了指数平滑注意力（ESA）和频率注意力（FA），通过模块化分解时序数据为可解释的 Level、Growth、Seasonal 分量，提升时间序列预测的可解释性和计算效率。

AFT-Full：通过引入学习到的位置偏置与键值对结合，然后通过逐元素乘法与查询（Query）结合，避免了传统点积自注意力的高计算复杂度。

不同方法的比较结果见表9-1。实验结果表明，所提出的方法在所有评价指标上均显著优于对比方法。具体而言，本研究方法的 Precision 值较对比方法高 9.61% ~ 195.67%，Recall 值较对比方法高 6.55% ~ 80.39%，F - measure 值较对比方法高 7.86% ~ 133.24%，ACU 值较对比方法高 8.24% ~ 36.29%。特别地，LSTM 模型在所有指标上的表现最差。

表9-1 不同方法的比较结果

模型	Precision	Recall	F - measure	ACU
LSTM	0.2839	0.4283	0.3405	0.5753
TransDBC	0.7290	0.6624	0.6825	0.6960
Diff - Transformer	0.7658	0.7251	0.7363	0.7244
SGFormer	0.7174	0.7205	0.7125	0.7074
ETSformer	0.6548	0.6129	0.6082	0.6335
AFT - Full	0.6093	0.6479	0.6090	0.6875
本研究方法	**0.8394**	**0.7726**	**0.7942**	**0.7841**

传统的只依赖座舱交互数据的意图预测方法，忽略了人-舱交互场景的动态演变对驾驶员交互意图的潜在影响，而表现出了较差的性能。其中，LSTM 模型缺乏明确的跨模态注意机制，只能通过简单的串联或后期融合建立全局场景上下文信息，导致特征交互不足。同时，LSTM 的固定门控机制难以捕捉座舱状态的渐变模式，而 Transformer 的并行时态建模能力更能适应这类复杂的时间模式。此外，ETSformer 在指数平滑计算过程中引入了先验偏差。ATF-Full 和

SGFormer 将传统的点积注意转换为线性注意机制，虽然这种修改提高了计算效率，但在低秩近似过程中会导致高频特征的丢失。因此，它们同样取得了较差的性能。

相比之下，本研究的方法通过融合场景语义信息，将时间、环境、车辆、用户四个方面的场景元素嵌入到统一的特征空间。创新性地设计了一种场景引导的跨模态注意力融合机制，以建立场景动态演变与驾驶员交互意图之间的时空耦合关系。该架构实现了座舱交互特征和场景上下文信息的联合建模，其优势在于通过注意力机制强化了关键场景元素的全局上下文信息，同时建立了可解释的时空因果推理路径。实验数据表明，与其他方法相比，本研究的方法在驾驶员交互意图预测方面取得了最佳性能，验证了场景语义融合的核心价值。

9.4.3 融合策略比较

在完成座舱交互数据和场景语义文本的特征嵌入后，建立了场景引导的注意力融合机制，以实现跨模态驾驶舱交互特征与场景语义特征的融合。为了验证所提方法的有效性，选择以下不同的融合策略进行对比分析，结果见表 9-2：

1）Average（AVG）[37]：通过逐元素平均操作生成融合特征表示，忽略特征之间的非线性相关性。

2）Gated Multimodal Unit（GMU）[38]：基于 Sigmoid 门控单元动态调整模态权重，生成自适应融合表示。

3）后期融合[39]（AVG-Late、GMU-Late）：采用独立的编码器处理各模态后，分别采用 AVG、GMU 的方式进行决策融合后直接解码得到预测结果。

表 9-2 不同融合策略的比较结果

方法	Precision	Recall	F－measure	ACU
AVG	0.7613	0.7452	0.7409	0.7429
GMU	0.7432	0.7126	0.7151	0.7202
AVG-Late	0.7234	0.6502	0.6562	0.6776
GMU-Late	0.7874	0.6236	0.6647	0.6875
本研究方法	0.8394	0.7726	0.7942	0.7841

图 9-6 显示了不同融合策略的架构差异。表 9-2 的实验结果表明，本研究设计的场景引导的注意力融合机制在所有评价指标上都优于其他经典融合策

略，Precision 值高 6.60%~16.04%，Recall 值高 3.68%~23.89%，F-measure 值高 7.19%~21.03%，ACU 值高 5.54%~15.72%。

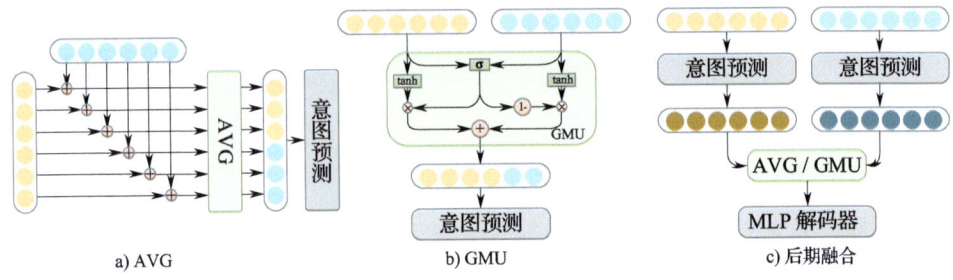

图 9-6　不同融合策略的架构

深入分析发现，本研究采用的场景引导注意力融合机制利用类似线性插值的形式融合场景语义特征，从而建立关键场景元素的动态全局上下文表征。这有效地预先减少了不同模态的异质性，最大限度地建立了座舱交互数据与场景语义信息之间的时空关联，它避免了后期融合时两种模态独立编码导致的特征间相关性衰减问题，也避免了在座舱交互数据编码过程中无法有效考虑场景语义的影响。此外，AVG 策略的等权重融合与实际各模态的贡献度存在不同，导致每种模态的数据特征无法得到有效表达。而 GMU 策略虽通过 Sigmoid 引入了可学习的模态权重，但它受到梯度饱和问题的限制，导致对模态重要性的评估不足。特别是在处理长时间序列多模态数据时，门控单元难以模拟跨模态关系的复杂时空依赖性，因此取得了较差的性能。

9.4.4　消融实验

为了系统验证融合场景语义信息在驾驶员交互意图预测中关键作用，设计了以下消融实验：①w/o Scene：不使用场景语义信息，直接将座舱交互数据与动态行车数据结合预测；②w/o Adaption：不进行参数微调，直接融合座舱交互数据与基础 LLM 生成的非结构化场景语义文本。消融实验结果见表 9-3。

表 9-3　消融实验结果

方法	Precision	Recall	F-measure	ACU
w/o Scene	0.7317	0.6382	0.6692	0.6889
w/o Adaption	0.7092	0.6298	0.6516	0.6548
本研究方法	**0.8394**	**0.7726**	**0.7942**	**0.7841**

由表 9-3 可知，完整方法在各项评价指标上均优于消融对比实验，实验结果验证了座舱交互数据与场景语义信息在意图预测中的协同特性，前者构建驾驶员行为特征，后者蕴含场景上下文信息。

进一步分析发现，当不使用场景语义信息而直接将行车动态数据与座舱交互数据融合时，预测性能在各评价指标上分别下降了 14.72%、21.06%、18.68% 和 13.82%，再次表明场景语义信息对意图预测的重要影响。结果表明，将行车动态数据映射为场景语义文本，实现了对原始数据的降维过滤，并对数据中的随机波动和冗余信息进行了特征抽象，从而提高了解析场景与意图之间时空因果关系的能力。

在另一种情况下，去除 LLM 的参数微调过程，直接将座舱交互数据与非结构化场景语义文本融合，同样取得了较差的性能，各项指标分别降低了 18.36%、22.67%、21.88% 和 19.75%。深入分析发现，预训练 LLM 生成的文本存在场景元素分类模糊和幻觉噪声干扰等问题，将误导模型推理。因此，本节采用了 LoRA 微调技术来提高从行车动态数据中解析场景语义的能力。这种优化为下游任务提供了高质量的语义输入，使所提出的结构化场景语义文本融合的方法在意图预测方面达到最佳性能。

9.4.5 案例分析

为了进一步展示本研究的方法在驾驶员交互意图预测中的可解释性和有效性，我们针对座椅调节意图和空调调节意图进行了案例研究。

图 9-7 展示了驾驶员座椅调节意图的两个案例，两个案例都包含座舱交互数据、场景语义文本和意图预测结果。在场景 a 中，座舱交互数据体现了包括车辆中途停车和驾驶员打开车窗在内的交互动作特征。本研究的方法可以预测驾驶员下一步调整座椅位置以休息的意图，而场景语义文本则表达了长途驾驶的关键场景元素，提供了可解释的意图动机来源。在场景 b 中，当驾驶员表现出打开车窗和关闭空调等动作时，结合车辆减速到停止模式和车内温度升高的场景语义信息，系统推断出启动座椅通风的意图。

图 9-8 分析了驾驶员在空调调节意图的两个案例研究。场景 a 表示夜间在高速公路上行驶时气温下降，随后为获得热舒适性而打开空调。特别地，场景 b 展示了一个关键的误判案例：当仅依赖座舱交互状态（例如，降低空调温度并改变空调风向）时，传统方法会将意图错误分类为"启动座椅加热"以保持热舒适度。通过整合量化车内外温差（$\Delta T = 18℃$）和行程背景（短途行驶：出

智能汽车人机交互

图 9-7 座椅调节意图案例分析

第 9 章 融合场景语义的智能座舱驾驶员交互意图预测

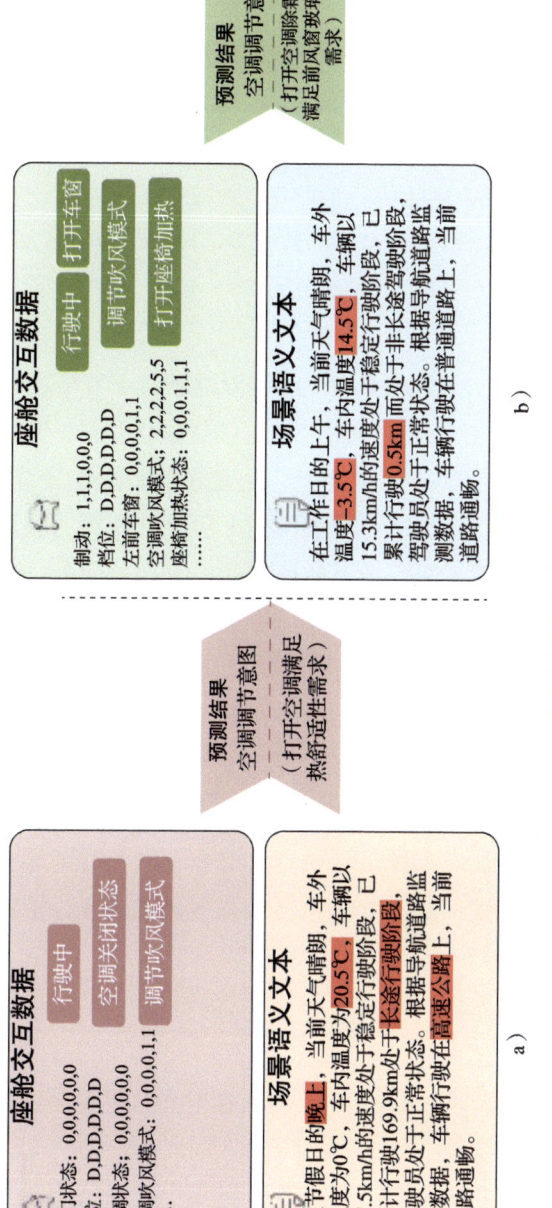

图 9-8 空调调节意图案例分析

发后0.5km）的场景语义文本，系统正确推断出了开启空调除雾模式的意图，从而验证了场景语义模块通过编码环境背景及其可解释性来解决特征模糊性的能力。

综上，定量评估结果与案例分析相互验证了所提出方法的优越性。通过融合场景语义信息，我们的方法不仅提高了预测准确性，还具有可解释性。具体而言，场景语义模块能够追溯驾驶员意图的动机来源，如环境条件和行程背景，从而提高了意图预测结果的可信度。

9.5 结论

本章提出了一种融合场景语义的智能座舱驾驶员交互意图预测方法。我们的方法使用参数高效微调的LLM生成结构化场景语义信息，并通过构建场景引导注意力机制与座舱交互特征的深度融合，实现精确的驾驶员交互意图预测。大量实验结果表明，我们的方法相较于其他方法具有先进的性能。通过消融实验，我们证明了在意图预测任务中考虑场景动态演变与驾驶员交互意图之间的时空因果关联的必要性和有效性。最后，场景语义信息的引入能够为预测结果提供可追溯的意图动机来源，显著增强了结果的可解释性。

未来的工作将从两个方面进行拓展：在数据方面，构建涵盖多车型、多用户群体的驾驶行为数据集，挖掘个性化行为操作模式；在任务方面，对交互意图预测类别进行细粒度分类或扩充，例如，将空调调节意图细分为温度阈值调节、风量调节等，并扩展至驾驶员娱乐内容偏好、社交行为等意图的预测。该研究将推动智能座舱系统从被动响应向主动服务范式转变，最终推动人机交互汽车智能化方面的创新。

参考文献

[1] LI W, CAO D, TAN R, et al. Intelligent Cockpit for intelligent connected vehicles：definition, taxonomy, technology and evaluation[J]. IEEE Transactions on Intelligent Vehicles, 2024, 9(2)：3140-3153.

[2] FANG J, WANG F, XUE J, et al. Behavioral intention prediction in driving scenes：A survey[J]. IEEE Transactions on Intelligent Transportation Systems, 2024, 25(8)：8334-8355.

[3] OPENAI, ACHIAM J, ADLER S, et al. GPT-4 Technical Report[J]. arXiv：2303.08774, 2024.

[4] TOUVRON H, LAVRIL T, IZACARD G, et al. LLaMA：Open and efficient foundation language models[J]. arXiv：2302.13971, 2023.

[5] GLM T, ZENG A, XU B, et al. ChatGLM: A family of large language models from GLM-130B to GLM-4 all tools[J]. arXiv: 2406.12793, 2024.

[6] DU H, FENG X, MA J, et al. Towards proactive interactions for in-vehicle conversational assistants utilizing large language models[C]//Proceedings of the Thirty-Third International Joint Conference on Artificial Intelligence. [S.l.: s.n.], 2024: 7850-7858.

[7] CUI S, HOU D, LI J, et al. Beyond car human-machine interface (HMI): Mapping six intelligent modes into future Cockpit scenarios[J]. Design, User Experience, and Usability, 2023. DOI: 10.1007/978-3-031-35696-4_6.

[8] HU H, WANG Q, CHENG M, et al. Trajectory prediction neural network and model interpretation based on temporal pattern attention[J]. IEEE Transactions on Intelligent Transportation Systems, 2023, 24(3): 2746-2759.

[9] QU Y, HU H, LIU J, et al. Driver state monitoring technology for conditionally automated vehicles: Review and future prospects[J]. IEEE Transactions on Instrumentation and Measurement, 2023, 72: 1-20.

[10] YANG B, WEI Z, HU C, et al. Real-time pedestrian crossing anticipation based on an action-interaction dual-branch network[J]. IEEE Transactions on Intelligent Transportation Systems, 2024, 25(12): 21021-21034.

[11] HU X, DENG J, ZHAO J, et al. SAfeDJ: A crowd-cloud codesign approach to situation-aware music delivery for drivers[J]. ACM Transactions on Multimedia Computing, Communications, and Applications, 2015, 12(1s): 1-24.

[12] WAREY A, KAUSHIK S, KHALIGHI B, et al. Data-driven prediction of vehicle cabin thermal comfort: using machine learning and high-fidelity simulation results[J]. International Journal of Heat and Mass Transfer, 2020, 148: 119083.

[13] BONYANI M, RAHMANIAN M, JAHANGARD S, et al. DIPNet: Driver intention prediction for a safe takeover transition in autonomous vehicles[J]. IET Intelligent Transport Systems, 2023, 17(9): 1769-1783.

[14] GU Y, WENG Y, WANG Y, et al. EmoTake: Exploring drivers' emotion for takeover behavior prediction[J]. IEEE Transactions on Affective Computing, 2024, 15(4): 2112-2127.

[15] MARTIN M, ROITBERG A, HAURILET M, et al. Drive&Act: A multi-modal dataset for fine-grained driver behavior recognition in autonomous vehicles[C]//2019 IEEE/CVF International Conference on Computer Vision (ICCV). New York: IEEE, 2019: 2801-2810.

[16] ZHANG K, WANG S, JIA N, et al. Integrating visual large language model and reasoning chain for driver behavior analysis and risk assessment[J]. Accident Analysis & Prevention, 2024, 198: 107497.

[17] NIDAMANURI J, MUKHERJEE P, ASSFALG R, et al. Dual-V-Sense-Net (DVN): Multisensor recommendation engine for distraction analysis and chaotic driving conditions[J]. IEEE Sensors Journal, 2022, 22(15): 15353-15364.

[18] DUAN Y, ZHANG Q, XU R. Prompting multi-modal tokens to enhance end-to-end autonomous driving imitation learning with LLMs[C]//2024 IEEE International Conference on Robotics and Automation (ICRA). New York: IEEE, 2024: 6798-6805.

[19] LIANG M, SU J C, SCHULTER S, et al. AIDE: An automatic data engine for object detection in

autonomous driving[C]//2024 IEEE/CVF Conference on Computer Vision and Pattern Recognition (CVPR). New York: IEEE, 2024: 14695-14706.

[20] MA Y, CUI C, CAO X, et al. LaMPilot: An open benchmark dataset for autonomous driving with language model programs [C]//2024 IEEE/CVF Conference on Computer Vision and Pattern Recognition (CVPR). New York: IEEE, 2024: 15141-15151.

[21] HUANG S, ZHAO X, WEI D, et al. Chatbot and fatigued driver: Exploring the use of LLM-based voice assistants for driving fatigue[C]//Extended Abstracts of the CHI Conference on Human Factors in Computing Systems. New York: ACM, 2024: 1-8.

[22] TAN Z, DAI N, SU Y, et al. Human-machine interaction in intelligent and connected vehicles: A review of status quo, issues, and opportunities[J]. IEEE Transactions on Intelligent Transportation Systems, 2022, 23(9): 13954-13975.

[23] LIU C, GONG S, SU H, et al. Integrating trajectory data and demographic characteristics: A trajectory semantic model for predicting travel flow and conducting interaction analysis [J]. International Journal of Digital Earth, 2024, 17(1): 2392842.

[24] PARK S H, JANG Y H, GEEM Z W, et al. CityGML-based road information model for route optimization of snow-removal vehicle[J]. ISPRS International Journal of Geo-Information, 2019, 8(12): 588.

[25] BERRAGAN C, SINGLETON A, CALAFIORE A, et al. Mapping great britain's semantic footprints through a large language model analysis of reddit comments[J]. Computers, Environment and Urban Systems, 2024, 110: 102121.

[26] XU W, XIE Q, YANG S, et al. Enhancing content-based recommendation via large language model [C]//Proceedings of the 33rd ACM International Conference on Information and Knowledge Management. New York: ACM, 2024: 4153-4157.

[27] VILLARREAL M, POUDEL B, LI W. Can ChatGPT enable ITS? The case of mixed traffic control via reinforcement learning[J]. arXiv preprint arXiv: 2306.08094, 2023.

[28] HU E J, SHEN Y, WALLIS P, et al. LoRA: Low-rank adaptation of large language models[J]. arXiv: 2106.09685, 2021.

[29] DEVLIN J, CHANG M W, LEE K, et al. BERT: Pre-training of deep bidirectional transformers for language understanding[J]. arXiv: 1810.04805, 2019.

[30] VASWANI A, SHAZEER N, PARMAR N, et al. Attention is all you need[J]. arXiv: 1706.03762, 2017.

[31] HE K, ZHANG X, REN S, et al. Deep residual learning for image recognition[J]. arXiv: 1512.03385, 2015.

[32] SCHUSTER M, PALIWAL K K. Bidirectional recurrent neural networks[J]. IEEE Transactions on Signal Processing, 1997, 45(11): 2673-2681.

[33] YE T, DONG L, XIA Y, et al. Differential transformer[J]. arXiv: 2410.05258, 2024.

[34] WU Q, ZHAO W, YANG C, et al. SGFormer: Simplifying and empowering transformers for large-graph representations[J]. arXiv: 2306.10759, 2024.

[35] WOO G, LIU C, SAHOO D, ET AL. ETSformer: Exponential smoothing transformers for time-series forecasting[J]. arXiv: 2202.01381, 2022.

[36] ZHAI S, TALBOTT W, SRIVASTAVA N, et al. An attention free transformer [J]. arXiv:

2105.14103, 2021.

[37] WANG X, PENG Y, LU L, et al. TieNet: Text-image embedding network for common thorax disease classification and reporting in chest X-rays[C]//2018 IEEE/CVF Conference on Computer Vision and Pattern Recognition. New York: IEEE, 2018: 9049-9058.

[38] AREVALO J, SOLORIO T, MONTES-Y-GÓMEZ M, et al. Gated multimodal units for information fusion[J]. arXiv: 1702.01992, 2017.

[39] GAO J, LI P, CHEN Z, et al. A survey on deep learning for multimodal data fusion[J]. Neural Computation, 2020, 32(5): 829-864.